普通高等教育“十一五”国家级规划教材

# 建筑场地设计

主　编　徐哲民
副主编　桑轶菲　吴卓珈
参　编　朱翠萍　李文娴

机 械 工 业 出 版 社

本书共分6章。第1章建筑场地设计概述包括建筑场地设计的概念、建筑场地设计理论的发展、建筑场地设计与相关学科的关系及建筑场地设计在我国现阶段的发展。第2章建筑场地的平面设计，包括场地平面设计的制约因素以及建筑场地的平面布局。第3章建筑场地的竖向设计，包括场地竖向设计的要求、原则、需考虑因素，标高的确定及土石方的平衡。第4章建筑场地的景观设计，包括场地景观设计的原则、绿化布置、水体设计、景观设施和地面铺装设计。第5章建筑场地的管线综合，包括场地设计中各类管线综合的内容、原则及方法。第6章建筑场地实训练习与分析，介绍了不同场地设计的典型实例及设计分析。全书对于学生在场地设计方面的学习和实践具有较强的指导作用。

本书可作为高等职业教育建筑设计、城市规划、环艺设计以及相关专业的教材，也可作为建筑师、城市规划师、景观设计师、环境艺术设计师、相关工程技术人员及城市建设管理人员的参考用书。

**图书在版编目(CIP)数据**

建筑场地设计/徐哲民主编. —北京：机械工业出版社，2009.1(2025.1重印)
普通高等教育“十一五”国家级规划教材
ISBN 978-7-111-25347-1

Ⅰ.建…　Ⅱ.徐…　Ⅲ.场地设计—高等学校—教材
Ⅳ.TU2

中国版本图书馆CIP数据核字(2008)第160426号

机械工业出版社(北京市百万庄大街22号　邮政编码100037)
策划编辑：李俊玲　责任编辑：李　鑫
版式设计：霍永明　责任校对：张晓蓉
封面设计：饶　薇　责任印制：张　博
北京建宏印刷有限公司印刷
2025年1月第1版第15次印刷
184mm×260mm · 8.25印张 · 183千字
标准书号：ISBN 978-7-111-25347-1
定价：25.00元

电话服务　　网络服务
客服电话：010-88361066　机　工　官　网：www.cmpbook.com
010-88379833　机　工　官　博：weibo.com/cmp1952
010-68326294　金　书　网：www.golden-book.com
封底无防伪标均为盗版　机工教育服务网：www.cmpedu.com

# 前　言

PREFACE

建筑场地设计是建筑设计中的重要环节，与建筑单体设计、城市规划以及景观设计都紧密相关。

本书在编写过程中根据高等职业教育“理论够用”的原则，采用专业理论与工程实践并重的方式，根据建筑场地设计的自身特点，从场地的平面设计、竖向设计、景观设计以及管线综合等几个方面加以阐述。在本书的编排上强调实践性和实用性为主的原则，并根据高职学生的特点在本书最后一章中编写了不同场地设计的典型的实例及设计分析。书后附录中还专门对场地设计文件的编制要求作了概述，对涉及建筑场地设计的现行规范作了汇总，便于读者在设计实践中查阅。全书理论联系实际，循序渐进、条理清晰地介绍了常用的建筑场地设计方法和设计技巧，紧跟当前设计市场和建设实践现状，为读者指出了切实可行的思路，并便于在设计实践中应用。

本书由浙江建设职业技术学院徐哲民任主编并负责最后统稿，桑轶菲、吴卓珈任副主编，朱翠萍、李文娴参编。具体编写分工如下：桑轶菲编写第1、2章，朱翠萍、吴卓珈编写3、4章，徐哲民、李文娴编写第5、6章。

本书在编写过程中得到了作者所在学院的大力支持，在此表示衷心的感谢！同时本书也参考了许多同类教材和专著，引用了一些工程实例，均在参考文献中列出，在此也表示衷心的感谢！

由于编者水平有限，书中疏漏和错误在所难免，敬请各兄弟学校和读者给予批评指正。

编　者

# 目　录

CONTENTS

# 第 1 章　建筑场地设计概述

**学习目标**

通过对本章内容的学习，掌握场地与建筑场地设计的概念，了解建筑场地设计理论的发展，以及建筑场地设计与相关学科之间的关系。

建筑场地设计在我国建筑界尚属一个新概念，并没有系统地独立出来，但在具体的建筑设计过程中，已经逐渐受到了设计师的重视，并被包容在相关的设计活动之中。随着我国建筑行业的不断发展，各项制度逐步完善，建筑场地设计这一课题将被越来越多的人所重视，对其进行系统、科学的研究，将是十分必要和具有现实意义的。

## 1.1　场地与建筑场地设计的概念

对一个新领域的研究，其基石在于对概念的明晰。因此，在开始对建筑场地设计进行理论探讨之前，有必要对“建筑场地设计”这一名词以及它的研究对象——“场地”，做出明确的界定。实际上，对建筑场地的设计已经渗透到了相关的设计活动中，在具体操作中，对这一概念存在着不同的理解，因此也有必要在问题展开之前，对“场地”以及“建筑场地设计”这两个基本概念加以明确。

### 1.1.1　场地的概念

“场地”一词有狭义和广义两个层面的含义。

狭义的场地是指建筑物之外的广场、绿地、停车场、室外活动场、室外展览空间等。这时的场地是相对于建筑物而言的，即通常所谓的室外场地，以便于和室内空间相对应。

广义上的场地是指建筑用地范围内的所有要素，包括建筑物、景观小品、广场、绿地、停车场、地下管线等，以及它们之间的联系。这时所谓的场地，包括了建筑用地的整体，以及该整体范围内的所有元素，也包括建筑物本身。更重要的是，这时场地的概念，还包括了各元素之间相辅相成的关系。

就设计本身来说，不管是建筑设计还是环境设计，绝对地割裂建筑物室内室外的关系都是不明智的，空间的穿插、视线的引导等，实际上都已经把建筑场地设计和建筑设计融合在一起了。因此本书所要研究的“场地”的概念，是指广义上的建筑场地，即建筑用地范围内的所有物质要素以及各要素之间的联系。

### 1.1.2 场地的构成要素

根据广义上的场地概念，场地应当包括建筑用地范围内的所有物质要素，它是一个有机的整体。这些要素相互依存、相互影响，共同完成场地的各种功能。

**1. 建筑物**（性质、要求、分类等都不同）

一般地，除了个别场地如停车场、室外健身场等场地形式之外，大多数场地上建筑物都是不可或缺的，而且，通常场地是为了建筑物而存在的，建筑物居于主导和支配的地位。建筑物的性质、在场地中的位置、组织形式等，都决定了场地中其他要素的分布与联系方式，最终决定场地的基本特性。因此，场地中的建筑物是场地组成的决定性要素。

建筑物有许多属性，其中与建筑场地设计有关的因素主要有以下几方面：

（1）建筑物的类别　建筑物是公共建筑还是居住建筑直接决定了建筑交通流线设计的复杂程度。公共建筑的流线比居住建筑要复杂，所应考虑的因素要多，而且公共建筑的种类较多，各种不同性质的建筑，其人流、车流、货流都有各自不同的要求，这在场地设计时应当区别对待。

（2）建筑物的主次出入口位置　建筑物的主次出入口位置，建筑物的主立面朝向，这些因素对场地内的道路、场地入口以及景观布置都会带来很大影响。

（3）建筑物的日照间距　不同的建筑物对日照间距有不同的要求。特别是涉及到住宅、宿舍。托儿所、幼儿园的主要生活用房，老年人住宅、残疾人住宅的卧室、起居室，医院、疗养院的病房和疗养室，中小学的教室时，场地内建筑物的布局就必须考虑到日照间距的要求。

（4）建筑物的防火等级　消防的要求会影响到建筑物的布局以及场地内消防通道的布置。

**2. 园林构筑物、景观小品**

场地内除了各种建筑物外，还有各种园林构筑物和景观小品。根据场地的不同地形和不同风格，会有桥梁、驳岸、雕塑等构筑物类型，它们的风格、体量、数量、布局，都是场地设计所要考虑的。

**3. 道路、停车场、广场**

在设计场地内的道路、停车场、广场时，所要考虑的是如何来组织场地内的人流、车流和物流，这时应关注的几个关键问题包括：

1）该场地主要建筑物的人流量大吗？会不会出现瞬间的大量人流？

2）该场地采取什么形式的停车场？是地面停车、地下停车、建筑物底层架空停车还是立体停车库？场地内需要人车分流吗？

3）进入场地的车辆的主要类型是什么？例如住宅小区和工厂，反映到场地设计的道路布置就会完全不同。

4）场地内是否要考虑无障碍设计？

**4. 绿化与环境景观设施**

绿化与环境景观设施对场地的生态环境、文化环境起着重要作用，为场地创造自然的氛围，体现场地的性格，营造优良的景观效果。

**5. 室外活动设施**

室外活动设施，包括室外健身设施，是适应人们室外活动的需要，供人们休憩、健身、娱乐、社交使用的室外空间，是室内活动的延伸和扩展。对于教育和体育建筑场地来说，这部分设施是必不可少的。

**6. 工程系统**

工程系统包括工程管线和工程构筑物。

工程管线是指场地内的水、电力、弱电、燃气、热力等管线，是建设项目正常使用的保证；工程构筑物是指场地内的挡土墙、护坡、排水沟渠等工程设施，满足场地建设和使用的工程需要。

### 1.1.3 建筑场地设计的概念和工作内容

**1. 建筑场地设计的概念**

建筑场地设计，就是为了满足建设项目的使用功能要求，根据基地内外的现状条件，在符合相关法规、规范的基础上，合理组织用地范围的各构成要素，以形成一个高效的、有机整体的设计活动。

**2. 建筑场地设计的工作内容**

建筑场地设计的工作内容包括场地平面设计、道路广场设计、景观设计、竖向设计、工程管线综合等。

### 1.1.4 建筑场地设计的阶段划分

按照设计程序的先后次序和所考虑问题在广度及精度上的侧重点不同，可以把场地设计的全部工作划分为场地布局阶段和场地详细设计阶段。

**1. 场地布局阶段**

场地布局阶段是场地设计的第一阶段，主要工作包括基地内外条件的分析、用地的划分、安排内容的选择、布局安排、道路系统和绿化景观系统的布局等。

**2. 场地详细设计阶段**

场地详细设计阶段是场地设计的第二阶段，主要工作包括道路、广场、停车场等交通系统的详细设计，绿化景观系统包括绿化种植、小品等的详细设计，以及工程管线、土方和高程等的详细设计内容，即场地范围内除了建筑物单体之外的所有内容的详细设计。

### 1.1.5 建筑场地设计的主要内容

1）在踏勘基地、收集基础资料的基础上，了解分析场地四周已建或规划拟建的建设项目对场地的影响和限制。

2）了解分析场地及周边地块的水文、地质、地形等条件对场地内建设项目的有利和不利影响。

3）了解分析场地的区位条件、四周交通对场地的影响和限制，以及场地四周各种市政工程管线的走向、埋深、容量和扩建扩容的可能性。

4）明确该场地的上一级控制性详细规划中规定的各项刚性指标（不容更改）和柔性指标（可以变通），包括容积率、建筑密度、建筑限高、建筑后退线、人流车流出入口方位限制、绿地率、土地兼容程度范围、应提供的社会公共停车位数量等。

5）分析场地内各建筑物、构筑物的空间布局的各种可能方式，综合考虑场地内外的各种限制条件，确定一种布局方式，划分功能分区，尽可能符合功能、流线的要求，又可取得最佳的空间景观效果。

6）在完成了场地功能分区之后，根据内外交通的需要，考虑车流、人流的各种要求，进行出入口、道路、敞地、停车场的布置，并满足与城市道路的衔接要求。

7）充分利用地形的有利条件，改造不利因素，在兼顾到地面排水、地下管线埋设、绿地景观以及尽可能减少土方量等各种情况下，进行竖向设计。

8）进行敞地、绿地的小品设计。

# 1.2 建筑场地设计理论的发展

## 1.2.1 建筑场地设计思想的起源

从人类开始进行建筑营造活动开始，就开始考虑如何处理营造基地这一基本问题。上古时期，我们的祖先曾以穴居和巢居等方式作为自己的生存场所，这是人类建筑营造活动的起点，也是建筑场地设计思想的起源。这个时期的场地设计更注重的是选址，而非人工改造。地势高亢、阳光充足、水土肥美、利于耕作和交通是当时选择居住场所的基本着眼点。

人类开始定居后，原始村落的布局反映了当时人们对场地设计的认识，包括村落的边界与核心、居住用地和耕作生产区域的关系、首领居住空间的位置、祭祀用场所的格局等因素。

伴随着人类发展史，原始的场地设计反映了当时社会、文化、宗教等观念，这些也是现代场地设计中许多设计思路的渊源。

## 1.2.2 东西方两种场地设计思想的不同

伴随着建筑历史的发展，场地设计思想在东西方都被不断地丰富、拓展和完善，成为各自建筑思想的重要组成部分。但由于东西方的文化传统存在着很大差异，在两种不同文化背景中生长的场地设计思想，也存在着鲜明的差异。

### 1. 基本观念的认识不同

东方的场地设计思想以中国传统建筑思想为代表，中国传统建筑和场地营造十分注重与环境的关系，善于结合、利用场地的现有条件，如“巧于因借，精在体宜”[㊀]、“依山就势”、“因地制宜”等。图1-1所示的苏州拙政园平面反映的正是这一思想。另外，中国所特有的风水理论和堪舆术，如果剔除了其中附会上去的迷信内容，其直接体现了中国人的环境观。风水学通过觅龙、察砂、观水、点穴、取向等辨方正位的方法，进行场地的选择和设计，其设计指导思想是人与建筑适宜于自然、回归自然、反朴归真、天人合一，营造一个具有优良生态环境的，小气候、景观、空间俱佳的人居环境。

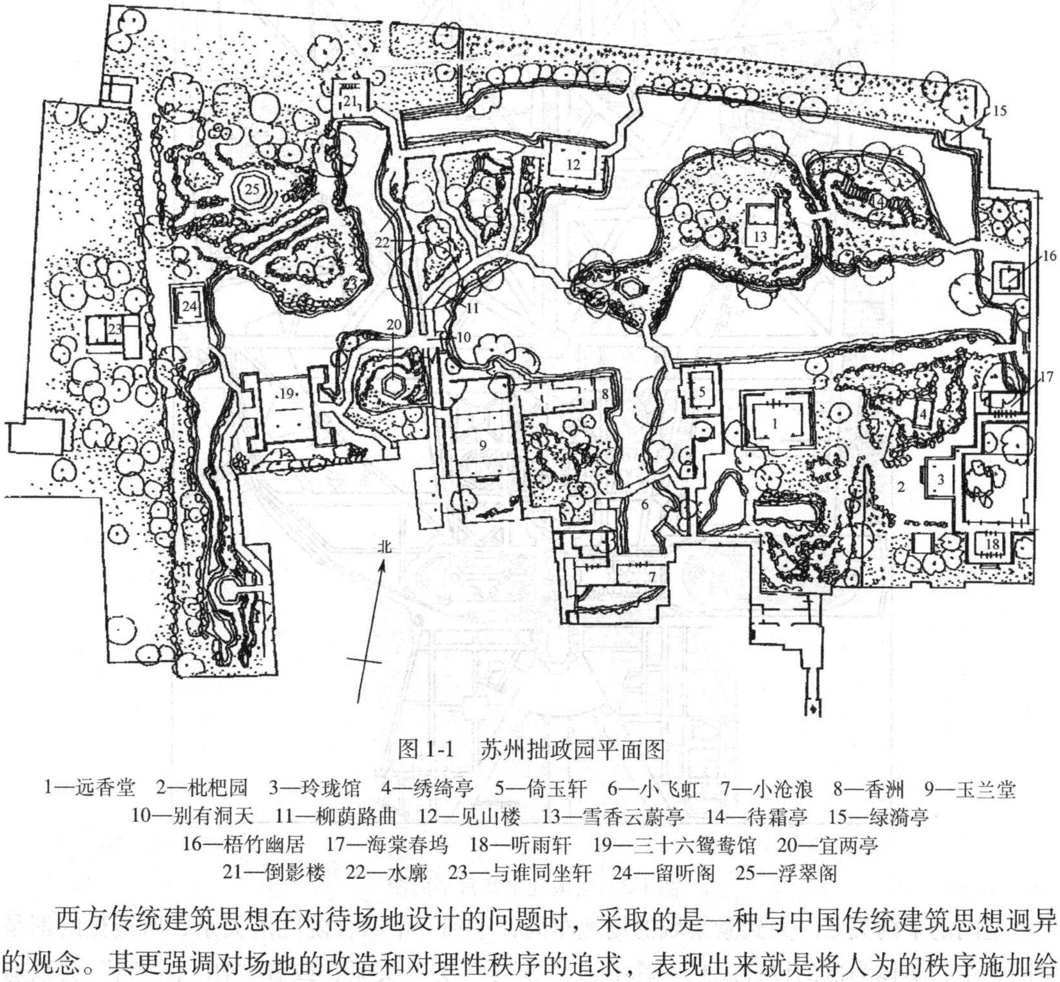


图1-1 苏州拙政园平面图

1—远香堂 2—枇杷园 3—玲珑馆 4—绣绮亭 5—倚玉轩 6—小飞虹 7—小沧浪 8—香洲 9—玉兰堂 10—别有洞天 11—柳荫路曲 12—见山楼 13—雪香云蔚亭 14—待霜亭 15—绿漪亭 16—梧竹幽居 17—海棠春坞 18—听雨轩 19—三十六鸳鸯馆 20—宜两亭 21—倒影楼 22—水廊 23—与谁同坐轩 24—留听阁 25—浮翠阁

西方传统建筑思想在对待场地设计的问题时，采取的是一种与中国传统建筑思想迥异的观念。其更强调对场地的改造和对理性秩序的追求，表现出来就是将人为的秩序施加给场地，体现出明显的几何布局关系和抽象性效果。他们注重推理与分析，对美的标准是通过理性的分析，再用精确明晰的语言表达出来，甚至通过数学公式来表示，“强迫自然接受匀称的法则”[㊁]，法国凡尔赛宫就是体现这一思想的典范之作(图1-2)。

**2. 对场地各要素的认识不同**

中国传统建筑场地中，更注重建筑单体之外的部分，重视建筑物的组合以及场地内各

㊀ 明代计成《园冶》语。

㊁ 由17世纪下半叶法国造园家勒·诺特尔提出。

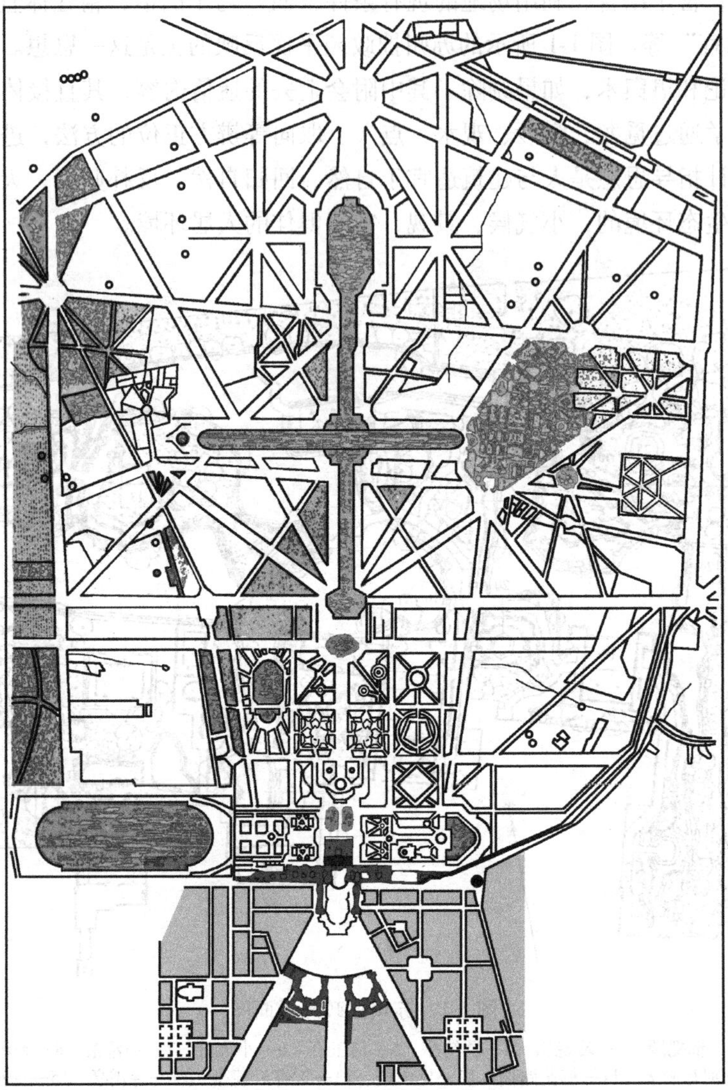

图 1-2　法国凡尔赛宫平面图

要素之间的平衡关系。大到紫禁城的场地布局，小到一个四合院院落关系，所遵循的都是空间为主、实体为次的设计思想。其中的“虚”、“实”关系，或者“图”、“底”关系追求相互协调，既存在一定的秩序，又穿插融合，形成平衡和谐的关系。

西方的传统建筑设计中，相对于场地来说，建筑物受到了更多的重视，成为场地的核心和支配者。场地的“虚”、“实”两部分显示出更多的独立性，并且以“实”为主构建起严格的秩序关系。

**3. 所反映的哲学思想不同**

东西方两种截然不同的场地设计思想，反映出其深层次的哲学思想也完全不同。

东方的“天人合一”思想，是整个中国建筑哲学的基础，也是中国传统建筑中处理场地问题的基本指导思想。其中的“天”可以理解为自然界或者自然之道(法则)，“人”可以理解为人工的，即人工的建造或人工对自然的改变。中国古人在处理人工营建时所追求的最高境界就是“虽由人作，宛自天开”㊀。这一哲学思想在场地设计中的具体表现就是：人工营建对自然的尊重和谦让。

在历史长河中，西方建筑师逐渐形成了一套自己的建筑场地设计思想，从古希腊的人本思想到 17 世纪笛卡儿的以数学为基础的演绎方法论，更多的是推崇人的理性与力量，以及人的创造力和与自然抗衡时的自豪精神。这一哲学思想在场地设计中的具体表现就是：人工的力量对自然的改变和超越。

## 1.3　建筑场地设计与相关学科的关系

建筑场地设计所包含的内容十分丰富，所要解决的问题也多种多样，因此，它所牵涉到的相关学科门类也相当广泛。

**1. 与城市规划、城市设计等学科的关系**

城市建设的一般流程是先进行城市规划，再进行建筑设计，建筑设计必须在城市规划的框架内进行，满足规划的各项要求。场地设计中的布局阶段，作为建设项目设计的第一阶段，其主要任务之一就是完成城市规划与建筑设计之间的衔接。控制性详细规划的各类指标，城市设计对该地块的要求，都会影响到场地设计。

**2. 与风景园林、景观生态等学科的关系**

场地内的景观、植物配置、水景设计、园林小品以及场地竖向设计等，会涉及风景园林、景观生态、景观植物等学科的知识，有时甚至需要这些学科的专业人员配合参与场地的设计。

**3. 与给排水、电力、电信、市政等学科的关系**

这些问题包括场地内各种管线之间的关系、土方的计算等，它们会涉及各相关领域的知识和规范标准，最终需要场地设计人员对各项因素进行平衡和综合。

**4. 与社会学、行为心理学等学科的关系**

建筑场地设计不仅仅是建筑物、道路、绿化等物质要素的排列，其根本出发点是为人提供活动场所，因此，社会文化、传统习惯、人的行为心理等问题和场地设计具有潜在而紧密的联系。解决这些问题时，可以运用社会学、行为心理学等学科的知识。

## 1.4　我国现阶段建筑场地设计的发展

### 1.4.1　我国建筑场地设计的现状与存在的问题

改革开放以来，我国的城镇建设总量大大增加，从总体上看，呈现出建设速度快、建设规模大等特征。在如此大规模的建设过程中，暴露出许多问题，其中一个突出的问题就

㊀　明代计成《园冶》语。

是对场地设计重视不够，对场地的问题研究不够，在具体工作中缺乏系统的指导思想和完善的实践手段。主要体现在以下几个方面：

1）不重视土地的合理利用，浪费严重。在经济快速发展、城乡建设规模不断扩大的宏观形势下，建设容易出现过热倾向。这种过热倾向一方面表现为土地的浪费，没能针对场地的具体特点，忽视地块潜能的开发，造成用地效益的低下；另一方面表现为用地强度过大，许多被开发土地的使用强度超出了城市控制性详细规划的规定，容积率、建筑密度和建筑高度过高，给基地、周边地块以及城市未来发展带来过大的压力，使用中也产生了大量问题。

2）忽视场地内各要素之间的内在联系，建筑物与环境不能和谐共生。在场地中，建筑物受到了过多重视，忽略了场地环境的重要性。一些建筑物，单体造型处理得富丽堂皇，其他配套要素包括绿化、道路、停车设施却显得捉襟见肘，造成环境质量不高。许多建设项目虽是新建工程，但从投入使用伊始就存在许多缺陷。

3）脱离城市整体环境的统一。单个建设项目的场地设计，不能很好地和整个城市的环境协调统一起来，仅仅考虑场地内部的方便和经济，却和城市整体环境及基础设施脱节。这一方面破坏了城市环境和景观的统一性；另一方面在项目投入使用后，给城市道路交通及基础设施带来过大的压力，干扰了城市功能的均衡运转。

### 1.4.2 国家注册建筑师制度的推行

为了适应建立社会主义市场经济体制的需要，提高工程设计质量，强化建筑师的法律责任，保障公众生命和财产安全，维护国家利益，并逐步实现与发达国家工程设计管理体制接轨，我国勘察设计行业从1997年开始正式实施注册建筑师制度。

我国注册建筑师分一级注册建筑师和二级注册建筑师，是指经全国统一考试合格后，依法登记注册，取得《中华人民共和国一级注册建筑师证书》或《中华人民共和国二级注册建筑师证书》，在一个建筑单位内执行注册建筑师业务的人员。现行的一级、二级注册建筑师资格考试大纲，均把《场地设计》列为考试科目。在这样的背景下，引入建筑场地概念，明确场地设计的内容和任务，是未来职业建筑师教育的必然选择，也有利于明确建筑师在工程设计各阶段的责任、权利和义务。

国外的注册建筑师考试中也有类似的划分方法。如美国的注册建筑师考试科目和试题的设定，也给场地设计以独立的地位，在作图题中，将场地设计和建筑设计相并列。实际上，许多国家的建筑设计工作各部分之间的分工已越来越精细明确，有专门的顾问建筑师负责项目的前期工作，例如确定项目性质与规模、项目选址、可行性分析、内容配置、开列详细的设计任务书等，这其中就包含了场地设计的内容。

另外，在现行的国家注册城市规划师的资格考试中，有一门《城市规划实务》考试，内容涉及掌握居住小区修建性详细规划的分析和综合评析，这也需要场地设计学科的知识。

因此，为适应我国建筑市场的发展，配合注册建筑师和注册规划师制度的推行，引入场地设计这一概念，认真研究场地设计问题，具有积极的现实意义和深远影响。

## 本 章 小 结

1. “场地”一词的概念可分为狭义和广义两个层面，本书所介绍的场地的概念，是指广义上的建筑场地，即建筑用地范围内的所有物质要素以及各要素之间的联系。

2. 场地包括建筑用地范围内的所有物质要素，它是一个有机的整体。这些要素相互依存、相互影响，共同完成场地的各种功能。

3. 建筑场地设计的主要内容。

在分析场地及周边地块的基础资料的基础上，在上一级控制性详细规划中规定的各项指标以及各相关法规规范的框架内，进行场地的功能分区，建筑物布局，交通、景观、工程、竖向等内容的设计，组织用地范围的各构成要素，以形成一个合理、高效的有机整体。

4. 由于东西方的文化传统存在着很大差异，在两种不同文化背景中生长的场地设计思想，也存在着鲜明的差异。

5. 建筑场地设计所牵涉到的相关学科门类相当广泛，包括城市规划、建筑设计、风景园林、工程管线、行为心理等。

6. 注册建筑师和注册城市规划师的资格考试中，都涉及建筑场地设计的内容。

# 第 2 章　建筑场地的平面设计

**学习目标**

通过对本章内容的学习，了解影响场地平面布局的主要因素，掌握建筑场地平面设计的基本方法。

## 2.1　场地平面设计的制约因素

场地平面设计涉及的范围十分广泛，从社会的文化背景到基地内的一草一木都有可能对设计构成影响，所以在设计中需要认真研究的制约因素很多。归纳起来，这些因素可分为三部分：

1）城市规划和相关规范——场地设计的前提条件。

2）场地的自然条件——场地设计的客观基础。

3）设计任务的具体要求——场地设计的直接依据。

场地设计的制约因素很多，进行场地设计时必须从这些制约因素入手，也正是由于这些制约因素的存在场地设计才得以进行。如果没有了法规、规范的限定，没有了任务要求中所提供的依据和目标，没有了具体的基地条件作为基础，那么场地设计将无法进行，也就失去了意义。

### 2.1.1　城市规划的要求

为保证城市发展的整体利益和宏观方向，同时也为了确保场地和周边其他用地的共有利益及其各自的自身利益，城市规划对场地设计作出了一定的公共限制和要求。这些限制和要求通过对场地设计中一系列技术经济指标的控制来实现，反映在控制性详细规划、城市工程规划以及其他一系列相关规划中。通过对场地界限、用地性质、开发强度等多方面指标的控制，来保证场地设计的经济合理性，并与周围环境和城市公共设施协调一致，同时确保场地的发展方向纳入城市发展的轨道。

**1. 对用地性质的控制**

场地的用地性质即土地的用途，见《城市用地分类与规划建设用地标准》(GBJ 137—1990)。城市用地分类采用大类、中类和小类三个层次的分类体系，共分 10 大类，46 中类，73 小类，通常以所对应的用地分类代号来表示。其中 10 大类用地包括：居住用地(R)、公共设施用地(C)、工业用地(M)、仓储用地(W)、对外交通用地(T)、道路广场用地(S)、市政公用设施用地(U)、绿地(G)、特殊用地(D)、水域和其他用地(E)。在村镇规划中，建设用地的性质按《镇规划标准》(GB 50188—2007)的规定，分为 9 大类，30 小类。其中 9 大类用地包括：居住用地(R)、公共设施用地(C)、生产设施用地(M)、仓储用地(W)、对外交通用地(T)、道路广场用地(S)、工程设施用地(U)、绿地(G)、水域和其他用地(E)。在城市的控制性详细规划中，用地性质可细分到中类甚至小类。

根据弹性规划原则，有些地块的用地性质允许在一定范围内作适当调整，即用地性质的兼容性，这些都会在城市的控制性详细规划中有明确的规定，作为场地设计的一个重要依据。城市规划通过对场地内适建与不适建、可建与不可建的建筑类型的控制来控制场地的用地性质。

**2. 对用地范围的控制**

对场地用地范围的控制主要包括征地界线、用地红线、道路红线和建筑红线。

(1) 征地界线　征地界线是由城市规划管理部门划定的供土地使用者征用的边界线，其围合的面积即征地范围。根据我国建设用地使用制度，土地使用者或建设开发商可以通过土地的行政划拨、土地出让或拍卖等方式，在缴纳有关费用并根据相应程序办理手续后，领取土地使用权证，取得国有土地一定期限内的土地使用权。征地界线就是土地使用者征用国有土地、向国家缴纳土地使用费的依据。

领取了土地使用权证，取得国有土地一定期限内的土地使用权，并不意味着该征地界线内的土地可以全部用于项目开发和建设，因为土地的使用还受到若干因素的限制。某些情况下，征地界线内还包括代征城市道路用地、公共绿地等。

(2) 用地红线　用地红线也称建设用地边界线，是征地界线内实际可用于场地开发建设的边界线。如果征地界线内无城市公共设施用地，征地界线即用地红线；如果征地界线内有城市道路用地、城市公共绿地等城市公共设施用地，则征地界线扣除城市公共设施用地后的范围线即用地红线。

(3) 道路红线　道路红线是城市道路(含居住区级道路)用地的规划控制边界线，通常由城市规划行政主管部门在用地条件图中标明。根据不同的情况，道路红线与场地的用地红线可以重合、相交或者分离。

道路红线是场地与城市道路用地在地表、地表上空和地下的空间界限。

根据《民用建筑设计通则》(GB 50352—2005)的规定：建筑物及附属设施不得突出道路红线和用地红线建造，不得突出的建筑突出物包括：①地下建筑物及附属设施，包括结构挡土桩、挡土墙、地下室、地下室底板及其基础、化粪池等；②地上建筑物及附属设施，包括门廊、连廊、阳台、室外楼梯、台阶、坡道、花池、围墙、平台、散水明沟、地下室进排风口、地下室出入口、集水井、采光井等；③除基地内连接城市的管线、隧道、天桥等市政公共设施外的其他设施。

建筑的凸窗、窗扇、窗罩、雨篷、挑檐等突出物，经当地城市规划行政主管部门批准，在净高、宽度受到一定限制时，允许有条件突出道路红线建造。

另外，属于公益上有需要的建筑和临时建筑，如公共厕所、公用电话亭、公交站点等，经当地城市规划行政主管部门批准，可突出道路红线建造。

（4）建筑红线　建筑红线也称建筑控制线，是建筑物基底位置的控制线，是场地内允许建造建筑物和构筑物的基线。通常情况下，考虑到场地内建筑物与周边地块建筑物之间的防火间距、相邻场地建筑物的最低日照要求、安排道路及绿地等要求，场地内的建筑物会后退用地红线一定距离。也就是说，场地内建筑物布置的最大范围线，即建筑红线。

### 3. 对场地开发强度的控制

对场地开发强度的控制主要包括建筑密度、建筑限高、容积率、绿地率等指标，用以约束场地内项目的设计开发，防止场地建设超出城市建设容量的限制，避免对周边地块产生不利影响。

（1）建筑密度　建筑密度是指场地内所有建筑物的基地总面积占场地总用地面积的比例(%)，即

$$建筑密度=\frac{建筑基底总面积(m^2)}{场地总面积(m^2)}\times 100\%$$

其中的建筑基底总面积按建筑的底层总建筑面积计算。

建筑密度指标表明了场地被建筑物占用的比例，即建筑物的密集程度。这一指标反映了两个方面的含义：①反映了建筑场地的使用效率，该指标越高，场地内用于建造建筑物的土地越多，土地使用效率越高，经济效益越好；②反映了场地的空间状况和环境质量，该指标越高，场地内的室外空间越少，可用于室外活动和绿化的土地越少，通常情况下场地的环境质量越差。

（2）建筑限高　场地内建筑物的高度反映了土地利用情况，影响场地的空间形态，也会影响到周边地块的使用及街道和整个区块空间形态的控制。同时，在城市规划中，常常会因为机场、电台、电信、微波通信、气象台、卫星地面站、军事要塞工程等周围建筑的净空要求，历史文化保护区的规划要求，景观走廊的视线要求，街景规划的天际线要求，以及城市空间形态的整体控制和土地利用的经济性要求等因素，对场地内建筑物进行限高控制。

建筑限高是指场地内建筑物的高度不得超过一定的控制高度。对于城市一般地区，建筑高度是指自建筑物散水外缘处的室外地坪至建筑物顶部女儿墙(平屋顶)或檐口(坡屋顶)的高度，局部突出屋面的楼梯间、电梯机房、水箱间、烟囱、空调冷却塔等突出物不计入建筑高度内。对于建筑保护区或建筑控制地区，上述突出部分计入建筑控制高度，即按建筑物室外地面至建筑物最高点的高度计算。

对于居住建筑场地，住宅平均层数也是用于控制建筑高度的一项主要指标，即

$$住宅平均层数(层)=\frac{住宅建筑面积总和(m^2)}{住宅基底面积总和(m^2)}\times 100\%$$

住宅平均层数指标与建筑高度指标密切相关，反映了居住建筑场地的土地使用强度和空间形态特征。

（3）容积率　容积率是指场地内总建筑面积与场地总用地面积之比，是一个无量纲数值，即

$$容积率 = \frac{总建筑面积(m^2)}{场地总用地面积(m^2)}$$

通常在计算容积率时，场地的总建筑面积仅指场地地面以上的建筑，而不包括地下建筑的面积。

容积率指标是控制场地开发强度、衡量场地开发经济效益、评价场地环境质量的一个综合性的关键指标。容积率高，说明单位面积的场地内建造了更多的建筑，土地的经济效益好。但是，容积率过高也反映了场地内建筑物密集，日照、通风、绿化等的效果不好，环境效益降低。在控制性详细规划中或者在土地审批时，规划管理部门会给出场地的容积率控制指标，作为场地的规划设计条件，必须严格遵守。

（4）绿地率　绿地率是指场地内绿化用地总面积占场地总用地面积的比例（%），即

$$绿地率 = \frac{绿化用地总面积(m^2)}{场地用地总面积(m^2)} \times 100\%$$

场地内的绿化用地主要包括：公共绿地、专用绿地、防护绿地、宅旁绿地以及其他用于绿化的用地，但不包括屋顶、露台上的绿化以及墙面的垂直绿化。

绿地率指标是保证场地环境质量的一个关键指标，与建筑密度、容积率等指标反向相关。

**4. 对场地建筑的其他控制**

除了上述几方面的要求外，控制性详细规划中对场地的限制还包括对机动车出入地段、配建车位等相应指标的控制，在街景、街区的城市设计时，对场地的主入口方位、建筑的主要朝向、体量、色彩等方面的相应要求，这些在场地设计中都应予以考虑。

## 2.1.2　相关规范的要求

**1.《民用建筑设计通则》**(GB 50352—2005)

《民用建筑设计通则》对场地中建筑的布局有相应的规定，涉及建筑的防火要求；建筑用房的天然采光、防止视线干扰；建筑的日照要求；有地震等自然灾害地区的建筑安全；建筑物与各种污染源的卫生距离；场地内的人流、车流与物流的合理分流和集散等。

《民用建筑设计通则》对场地内的交通组织也做出了较为详细和明确的规定，分别对场地交通组织的如下几方面提出了具体的要求：场地与外部道路的基本关系；场地内道路的布置；场地内的停车空间；车流量较大的场地出入口位置；人员密集场地的交通组织等。

**2.《建筑设计防火规范》**(GB 50016—2006)**和《高层民用建筑设计防火规范》**(GB 50045—1995,2005 年修订版)

两部规范对不同类型建筑物之间的防火间距均有具体规定，对民用建筑防火间距的常用数值规定分别见表 2-1 和表 2-2。对于 9 层及 9 层以下的居住建筑、建筑高度小于等于 24m 的公共建筑以及建筑高度大于 24m 的单层公共建筑，适用表 2-1；其他民用建筑适用表 2-2。

表 2-1 民用建筑的防火间距 （单位：m）

| 耐火等级 | 防火间距 | | |
|---|---|---|---|
| | 一、二级 | 三级 | 四级 |
| 一、二级 | 6 | 7 | 9 |
| 三级 | 7 | 8 | 10 |
| 四级 | 9 | 10 | 12 |

表 2-2 高层建筑之间及高层建筑与其他民用建筑之间的防火间距 （单位：m）

| 建筑类别 | 高层建筑 | 裙房 | 其他民用建筑 | | |
|---|---|---|---|---|---|
| | | | 耐火等级 | | |
| | | | 一、二级 | 三级 | 四级 |
| 高层建筑 | 13 | 9 | 9 | 11 | 14 |
| 裙房 | 9 | 6 | 6 | 7 | 9 |

在《建筑设计防火规范》和《高层民用建筑设计防火规范》中，对建筑场地的消防通道、回车场等也有严格的要求，这些均会影响到场地中的交通组织。

此外，《城市居住区规划设计规范》以及《中小学校建筑设计规范》、《托儿所、幼儿园建筑设计规范》、《汽车库停车库停车场设计防火规范》等专项设计规范，都有专门针对相应场地设计的规定，在具体的场地设计时必须严格执行。

## 2.1.3 场地的自然条件

任何工程建设都必须扎根于某一基地，基地的自然条件是建筑场地设计的客观基础，影响着场地与建筑的设计、施工和使用，必须在场地设计之前作深入研究。

场地的自然条件是指场地的自然地理特征，包括地形、地貌、工程地质、水文、水文地质、气候条件等，它们在不同程度上以不同形式对场地的设计和建设产生影响。

### 1. 地形与地貌

地形从自然地理的宏观层面大体可分为山地、丘陵和平原等，在局部地区范围内可进一步细分为山坡、山谷、高地、冲沟、河谷、滩涂等。将各种地形地貌沿铅垂方向投影在水平面上，用简明、准确、易识别的符号和标记表达，再按一定比例尺缩小绘制，即形成地形图。

（1）比例尺　地图上任意两点间的长度与地面上该两点之间的水平距离之比，称为地形图的比例尺。场地设计中通常采用1:500、1:1000、1:2000、1:5000、1:10000等大比例尺地形图。

（2）高程与等高线　详见本书第3章介绍。

（3）坐标系统　坐标系统用于确定地面上的点在该坐标系统中的平面位置和相对尺寸。对于测区范围半径不大于10km的范围内，理论上可以不考虑地球曲率，而把大地水准面视为水平面。

规定南北方向为$x$轴，以北为正方向，东西方向为$y$轴，以东为正方向，指定测区西南某点为原点$O$，建立平面直角坐标系，如图2-1所示。在分幅地形图中，为方便使用，坐标系统按10cm×10cm的方格网表示，同时为了使地形图内容更清晰，方格网通常简化为十字交叉短线。

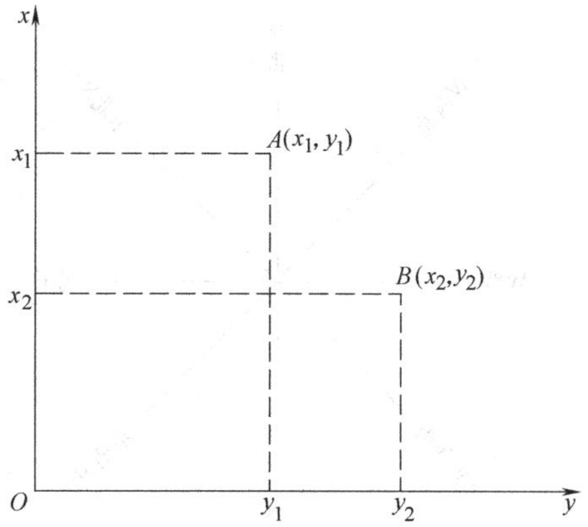


图2-1 平面直角坐标系

在图2-1的平面直角坐标系中，地面点$A$的坐标为$(x_1,y_1)$，点$B$的坐标为$(x_2,y_2)$。若$x_1 > x_2$，$y_1 < y_2$，则点$A$在点$B$的西北方向。$A$、$B$两点间的距离也可以用勾股定理通过其坐标得出。

### 2. 工程地质、水文及水文地质

工程地质条件包括地质构造特征及其承受荷载的能力，地基土的物理力学性质指标，以及有无冲沟、断层、岩溶、滑坡、地面沉降等不良地质条件。工程地质情况直接影响场地内建筑的安全、投资量以及施工进度。

场地的水文条件是指场地内以及周边的江河湖海以及池塘、水库等地表水的状况。地表水体在为场地提供水源、排除雨水、提供水运交通、美化景观、改善气候等方面都有着积极作用，但是洪水、干涸等也会给场地带来不利影响。

水文地质条件一般是指地下水的情况，包括地下水的存在形式、水量、水文、水质、矿化度、动态变化等指标。地下水位过高会严重影响建筑物基础的稳定性，也会影响场地内的植被情况。地下水中氯离子和硫离子含量过高，会影响建筑物基础的耐久性和稳定性，植被也会因此受影响。另外，地下水的过量开采会导致地下水位明显下降，进而导致地面沉降和江水、海水倒灌，给场地建设和使用带来严重影响。

### 3. 气候条件

场地所在地区的气候条件也会影响到场地的布局。根据场地性质的不同，例如住宅用地、工业用地、文教用地等，气候条件所影响的方面各不相同。气候条件的依据通常来源于各地的历史观测资料，影响场地设计的气候条件主要有风象、日照、气温、降水等。另外，场地所处区域是否经常性受到台风、沙尘暴等灾害性天气的影响，也是在场地设计中应考虑的因素。

（1）风象　风象包括风向和风速。风向是指风吹来的方向，一般用8个或16个方位来表示，见图2-2所示。当风速小于0.3m/s时，视为静风(用字母C表示)，不区分风向。

某地区在一定时期(一个月、一个季度、一年或多年)内，观测到某风向的风累计出现的次数占同期观测总次数的百分比，称为风向频率，即

$$\text{风向频率}=\frac{\text{该风向出现的次数}}{\text{同期观测的总次数}}\times 100\%$$

风向频率最高的方位即为该地区的主导风向，对场地的通风以及污染部分的布局有很大影响。

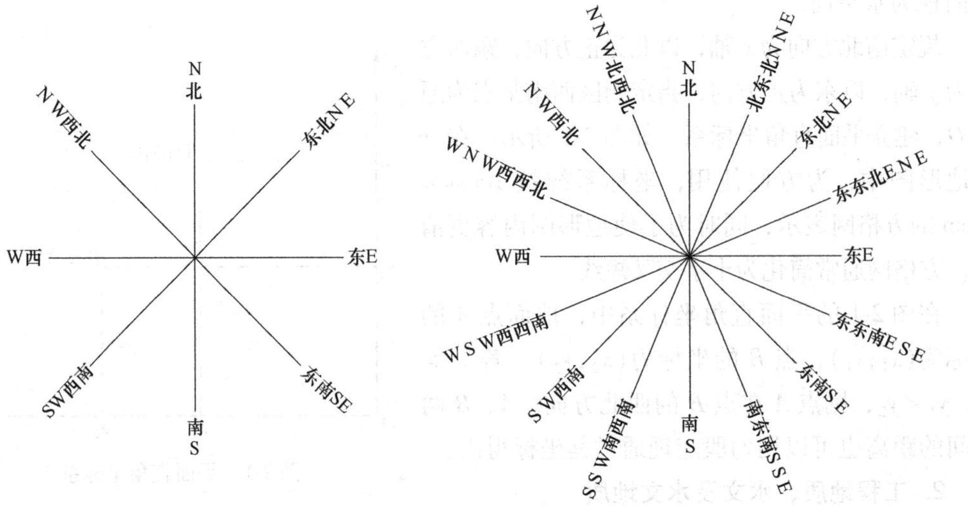


图 2-2 风向方位图

风速在气象学上常用每秒钟空气流动的距离(m/s)来表示。风速的快慢决定了风力的大小，气象学上用风力等级来表示。

风向频率和该方向风平均风速的比值，称为污染系数：

$$污染系数=\frac{风向频率}{平均风速}$$

污染系数综合表示了某一地区对其下风向的污染情况，该方向风向频率越大、风速越小，越容易造成对其下风向的污染。

风向和风速可以用风玫瑰图来表示。将风向频率、平均风速或污染系数等指标，分别按一定比例画在各个方向上，即为风玫瑰图。因此它又分为风向频率玫瑰图、平均风速玫瑰图、污染系数玫瑰图等。图 2-3 所示为某地累计风向频率、平均风速玫瑰图，实线表示各个方向的风向频率，虚线表示各个方向的平均风速，由此还可以得出各个方向的污染系数。图中中心圈内的数值为静风频率。

(2) 日照　地区日照参数是确定场地建筑的日照标准、间距、朝向、遮阳及各工程热工设计的依据。

日照标准是建筑物的最低日照要求，国家规范对不同气候区的住宅建筑有不同的要求（表 2-3）。另外，托儿所、幼儿园和老年人、残疾人专用住宅的主要居室，医院、疗养院至少有半数以上的病房和疗养室，应能获得

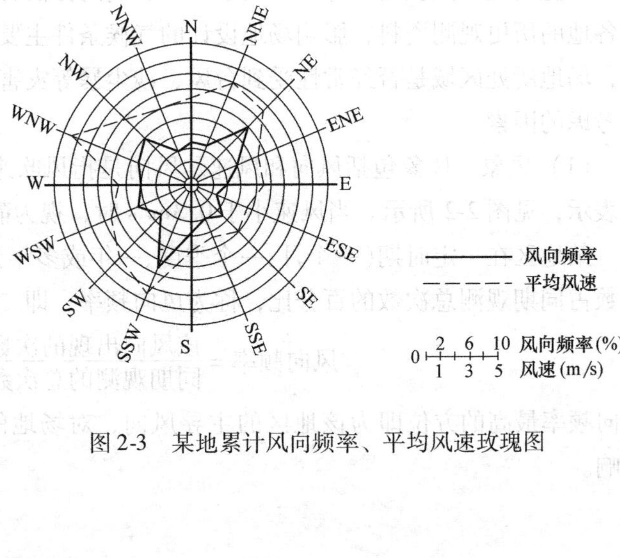


图 2-3 某地累计风向频率、平均风速玫瑰图

冬至日满窗日照不少于3h。

**表2-3　住宅建筑日照标准**

<table>
<tr><td rowspan="2">建筑气候区划</td><td colspan="2">Ⅰ、Ⅱ、Ⅲ、Ⅶ气候区</td><td colspan="2">Ⅳ气候区</td><td rowspan="2">Ⅴ、Ⅵ气候区</td></tr>
<tr><td>大城市</td><td>中小城市</td><td>大城市</td><td>中小城市</td></tr>
<tr><td>日照标准日</td><td colspan="3">大寒日</td><td colspan="2">冬至日</td></tr>
<tr><td>日照时数/h</td><td>≥2</td><td colspan="2">≥3</td><td colspan="2">≥1</td></tr>
<tr><td>有效日照时间/h</td><td colspan="3">8～16</td><td colspan="2">9～15</td></tr>
<tr><td>计算起点</td><td colspan="5">底层窗台面</td></tr>
</table>

注：1. 摘自《城市居住区规划设计规范》(GB 50180—1993,2002年修订版)。
　　2. 建筑气候区划见该规范附录A第A.0.1条的规定。
　　3. 底层窗台面是指距室内地坪0.9m高的外墙位置。

日照间距系数由场地所处纬度决定，已知某地的纬度，可以由有关技术规范直接查得相应的日照间距系数。通常在场地的规划设计条件中，当地的规划管理部门也会提出相应要求。

### 2.1.4　场地建设项目的直接依据

设计任务的要求是场地设计的直接依据，它主要是以设计任务书的形式提出的。设计任务书是由业主提出的一种书面形式的文件，包括了任务的基本组成。除设计任务书外，业主还会有一些要求通过与设计者对设计任务的商讨而提出来，作为对设计任务书的补充。

对设计任务的认识可以从以下三方面入手：

**1. 项目的内容**

（1）建筑内部的内容　对场地设计关系较大的建筑内部的内容主要包括几点：建筑的主入口位置、其他辅助入口位置、车库入口位置；该建筑中对景观、视线有特别要求的空间等。

（2）建筑外部的内容　建筑外部的内容可分为两类：一类是有直接功能要求的，诸如游泳池、运动场、室外展览馆、露天剧场等；另一类是为了辅助这些功能和建筑内部功能的实现而具备的，如人流集散广场、停车场、货物装卸场、休息的庭园、景观设施等。

**2. 项目的性质**

项目的性质有不同的层次，概括来说可分为项目所属类型的共同性质和个体的特殊性质两个层次。其中前者是类型的总体特征，后者是类型特征在具体项目中的特殊反映，可以说后者是在前者基础上的一种变化形式。

（1）项目的类型特性　项目的类型特性是由它的基本功能决定的。根据基本功能，可以把项目分为许多种类型，诸如居住、办公、商业、文化等。因为基本功能相同，每一类型的项目具有一些共同的特征，诸如文化性、商业性、纪念性等。对于具体项目而言，这就是它的类型特性。

（2）项目的个体特性　项目的个体特性是相对于它的类型特性而言的。项目的类型特性形成了不同类型项目之间的性格差异，而个体特性所形成的则是同一类型项目之间的性格差异。

**3. 场地的使用者**

场地的使用者是场地的服务对象，使用者的需求是设计任务要求的一个重要方面。

（1）场地使用者的人群构成　包括这些使用者的年龄、行为特点等。例如一个幼儿园和一个老年活动中心的场地设计，会因为使用者的年龄构成不同而不同；图书馆和长途车站的场地设计，会因为使用者的行为特点不同而不同。

（2）场地内的活动　场地内的活动可分为必须的活动和可选择的活动。必须的活动对支持条件的容忍能力较强，就是无论条件状况如何，这种活动都要进行；可选择的活动对条件的要求较高，如果条件具备，活动可能发生，如果条件不具备，这种活动就可能不会发生。

了解使用者的意愿和要求，可通过三种途径：查阅相关资料，对类似场地使用情况现场观察，对本项目使用者的直接调查。

## 2.2 建筑场地的平面布局

### 2.2.1 场地分区

场地分区所遵循的思路可以归结为两条：①从基地利用的角度出发；②从内容组织的角度出发。

**1. 场地分区与内容组织**

从场地的建设内容看，应该把场地内所包含的各项内容，按照一定的方式加以分类组合，形成场地的分区。通常应将性质相同或类似的建设内容放在一起，将差异较大的或者相互干扰的建设内容分开。这样做的目的是使场地平面有一个较清晰的结构形式，从而使场地的使用更加具备秩序感和有效性。

（1）分区的依据　对于不同的场地建设内容，由于建筑的性质不同、空间的特性不同、场地的条件不同，因而所考虑内容的侧重点也不同，解决问题的思路也不尽相同。

1）功能性质。建设内容的功能性质是划分场地分区最基本的依据。将性质相同、功能相近或者有紧密联系的、相互干扰不大的、对环境要求类似的建设内容组合在一起，形成功能分区。例如在学校场地的平面设计中，可以把教学楼、实验楼、图书馆放在一个区，形成教学功能区；把行政办公楼及其附属建设内容放在一个区，形成行政办公功能区；把田径场、体育馆、游泳池等健身设施放在一个区，形成体育锻炼功能区；把学生宿舍、食堂、商业街放在一个区，形成学生生活功能区（图2-4）。

2）空间特性。按照空间在主次、内外、动静、公共与私密等方面的区别，将空间特性相同或相似的区域放在一起，特性相异或相斥的区域进行分离甚至隔离，形成合理的场地分区(图 2-5)。

① 按照空间的主次特性来划分。每个场地都有反映其特性的主要部分，例如学校的教学功能区，居住小区的住宅楼，医院的门诊楼、病房楼等。场地内有些功能是为实现主要功能而配套的，属次要部分，例如学校的办公楼、居住区的居民会馆、医院的后勤服务楼等。场地内还有一些附属的次要部分，它们并不反映场地的性质，却又是必不可少的部分，如配电房、车库、公共厕所、机械设备用房等，属辅助部分。

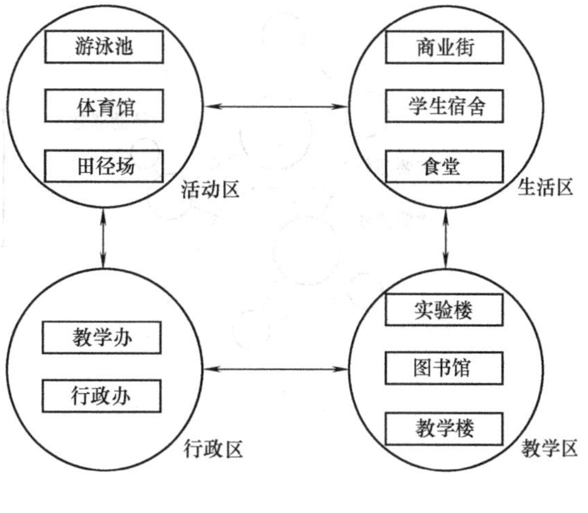

图 2-4　学校场地平面功能关系

② 按照空间的内外特性来划分。场地内的建设项目，有些属内部职能的需要，有些对外联系密切，在场地分区时应结合流线布局加以考虑。例如饭店的餐饮部分属对外空间，厨房、库房及办公空间则属对内空间；图书馆的阅览、外借部分属对外空间，书库、研究部分属内部空间。

③ 按照空间的动静特性来划分。根据场地使用者的活动特性和聚集方式，场地可形成动空间和静空间，为避免相互干扰，可以适当分离或者通过庭院等中性空间加以过渡。例如文化馆的阅览、展览部分属静空间，运动、交谊部分属动空间。

④ 按照空间的公共和私密特性来划分。有些区域属场地的公共空间，如小区的会馆、公共中心；有些区域属场地内的私密空间，如小区住宅间的院落；两者之间还有过渡空间，例如小区的组团绿地。

(2) 分区的联系　各分区之间的联系有很多种方式，包括实的联系(如道路、长廊、院落等)和虚的联系(如视线的联结等)。其中交通流线的联系是最主要和最直接的。

**2. 场地分区与基地利用**

(1) 集中的方式　在用地面积有限的情况下，场地设计时容易出现将用地划分得支离破碎的情况，这样，虽然把所有的建设内容都安排进去了，但空间会显得很凌乱，不能发挥场地的最佳效益。这种情况下，通常采用集中的方式，通过对场地的合理分区，将建设内容相对集中布置，以合理规划空间和用地。

采用集中的方式，可以把用地分为几大区块，将性质相同的用地尽量集中布置在一起，建筑物之间在满足功能、景观要求，并且符合日照和消防最低限度的前提下，尽可能紧凑布局，把零星用地组合起来，减少闲置土地，以达到空间的合理组织。

采用集中的方式，还可以把功能兼容的部分集中起来布置，以达到土地的综合利用。例如在住宅小区的场地设计中，可以把组团绿地和室外健身场地、停车场和绿地结合起来布置，也可以在住宅楼底层布置商店、停车场、健身休闲场地等。

(2) 均衡的方式　在用地面积相对宽松的情况下，场地设计受基地面积的限制较少，可采取多种设计手段。这时要避免的问题是空间组织疏密不当，某一部分土地过于宽松而

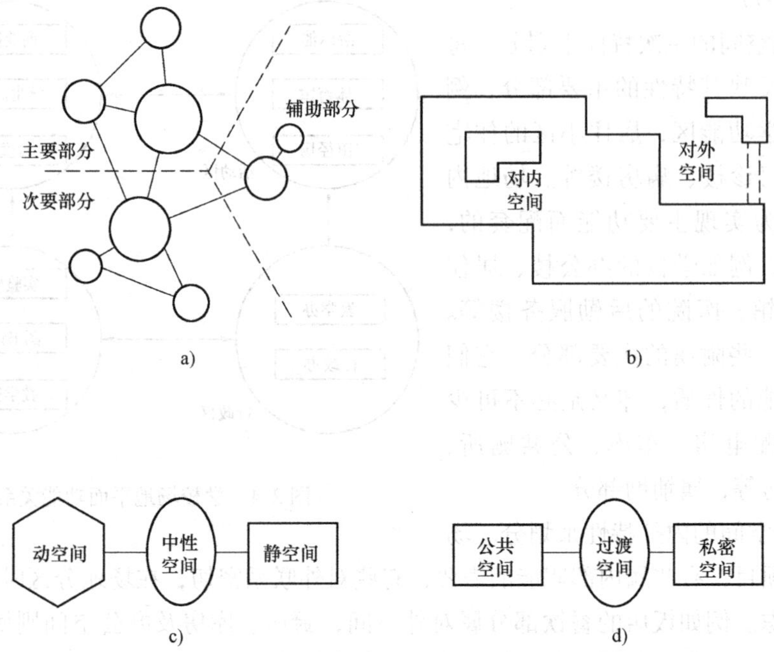


图 2-5　场地空间特性

a）空间的主次特性　b）空间的内外特性

c）空间的动静特性　d）空间公共和私密特性

没有被有效利用。造成这一现象的原因是，在场地设计时过于注重建设内容的布置，忽略了空间的安排，因此可以采用均衡的方式来避免这一弊端。

采用均衡的方式在划分功能区块时，要兼顾疏密得当，按照功能区的主次、内外等特性，合理划分。在每个功能区内，再根据这一原则，合理布置建筑和空间。整个场地层次分明，由局部的均衡进而达到全局的均衡。

采用均衡的方式，还可以多发挥绿地景观的作用，利用植被、山坡、水面等要素，采取“图底”关系处理法，虚实结合，在一些相对“空”的用地上，布置密林、草坪、水面等，用景观要素来平衡场地的疏密轻重关系。

## 2.2.2　交通组织

**1. 流线系统的组织**

（1）流线的整体形式　场地流线结构包括尽端式的流线结构和环通式的流线结构两大类。

（2）流线的不同类型　场地中的流线从功能上可分为使用流线和服务流线；从流线主体的角度可分为人员流线和车辆流线。

1）合流式组织形式。其优点是整体交通体系比较简单，较容易处理。适用于场地交通量较小的情况，或用于场地中交通量较小的部分。

2）分流式组织形式。其优点是不同流线由各自独立的通道来承担，各通道用途专一，从根本上解决了不同流线相互混杂的问题，有利于各流线的组织，保证各流线的通畅性，提高组织效率。其适用范围较大，最适合在各类流线都有较大流量或不同流线的要求差异较大的情况。

**2. 停车系统的组织**

（1）停车场的几种类型

1）地面停车场。其优点是平面布置最容易；同场地内流线体系的联系最直接，车流与人流进出方便，无需坡道、楼梯等特殊的连接设施；构造简单，修建容易，造价低。其缺点是占地面积较大。

2）组合式停车场。其优点是可以有效地减少停车场占用的基地面积，为其他建设内容留出更多余地，利于节约用地，提高用地的效率；可有效地实现地面的人车分流，保障交通安全；减少噪声废气污染，创造安全、宁静、健康、舒适的停车环境，优化景观效果。其缺点是增加了停车场与地面车流衔接的困难，构造相对复杂，需要坡道等辅助设施，造价较高。

3）多层停车场。其优点是停车数量多，停车集中，占地小，节约用地。其缺点是与地面车流衔接相对复杂，车辆进出不够方便，造价相对较高。

（2）停车场的位置选择　停车场地通常的布置方式有两种：一种是靠近场地的外侧边缘来布置停车场，这种布置方式能减少车辆对场地内部的干扰，同时减少车行距离，疏散更快；另一种是靠近场地的核心来布置停车场地，这种布置方式更加有利于场地的使用，在场地面积较大或者大量人流随车而来的情况时，可考虑采用此种方式，但这种布置方式车流对场地有较大干扰，需要在流线布置和管理时加以注意。

## 2.2.3 绿地布置

**1. 绿地配置用地的确定**

（1）绿化用地的整体规模　保证绿化用地整体规模的基本手段包括：①在进行场地的用地划分时，赋予绿地以主体地位。把其作为一项并列的建设内容同其他内容一起考虑，在相互的平衡之中确定其最终的用地规模，这可使其基本规模得到保障；②考虑其他内容的基本布局组织形式时应尽量选择占地较小的形式以节约建设用地；③充分利用基地中的边角地块，在其他建设内容的组织中穿插布置绿化用地。

（2）绿化用地的分布形态　在场地中绿化用地总体规模一定的前提下，其分布形态基本上有集中和分散两种。

**2. 绿地配置的基本形式**

（1）边缘性绿地　绿地培植的基本形式，一般作为绿化的背景，适应性最强。

（2）小面积的独立绿地　常处于场地中比较重要的位置，重点强调景观的一面，适应性次之，一般不能进入。

（3）具有一定规模的集中绿地　对用地条件要求较高，适应性不强，可以进入，可包容活动设施。

## 本章小结

1. 场地设计的制约因素主要包括三部分：场地设计的前提条件，即城市规划和相关规范要求；场地设计的客观基础，即场地的自然条件；场地设计的直接依据，即设计任务的具体要求。

2. 对场地开发强度的控制主要包括建筑密度、建筑限高、容积率、绿地率等指标。

3. 场地分区可以遵循两条思路：从基地利用的角度出发，从内容组织的角度出发。

4. 交通组织包括流线系统的组织和停车系统的组织。

5. 绿地布置包括对绿化用地整体规模的确定、绿化用地的分布形态和绿地配置的基本形式的设计。

# 第 3 章　建筑场地的竖向设计

**学习目标**

通过对本章的学习，了解场地竖向设计的基本任务，设计原则及考虑因素、有关的现行规范；掌握场地竖向设计标高的确定内容与方法、土石方工程量的计算方法。

## 3.1　场地竖向设计概述 ➤➤

### 3.1.1　场地竖向设计的基本任务

竖向设计是场地设计的一个重要组成部分，在考虑场地的地形利用和改造时，必须兼顾平面和竖向的使用功能要求，统一考虑和处理设计过程中的各种矛盾与问题，这样才能保证场地建设与使用的合理性、经济性。做好场地的竖向设计，对于降低工程成本、加快建设速度具有重要的意义。

竖向设计的主要任务是合理选择确定建设用地的地面形式和场地排水方案。在满足平面布局要求的同时，竖向设计的主要任务是确定建设场地上各部分的高程标高关系等，使之适应使用功能要求，达到工程量少、投资省、建设速度快、综合效益佳的目的，并合理地把建筑与自然环境融为一体，美化生活环境。场地竖向设计的基本任务有如下几方面：

1）场地的整平方式，以及场地与周边道路、地块、河道之间的高差处理。

2）场地内各建筑物、构筑物的地坪标高，室内外高差衔接。

3）场地内各广场、停车场、活动场等的整平标高以及坡度。

4）场地内各道路的整平标高以及坡度。

5）场地内绿地的标高及坡度设计。

6）按需要设置挡土墙、排水沟、护坡、驳岸等。

7）场地内土石方的平衡，以及土石方工程量的计算。

### 3.1.2　场地竖向设计的原则及考虑因素

竖向设计要因地制宜、就地取材、适应经济环境和生产生活发展的需要，本着少占耕地、多用丘陵的原则，体现工程量少、见效快、环境好的整体效果，这是竖向设计应遵循的基本原则。

场地竖向设计需要考虑的因素有如下几个方面：

1）场地与周边地块、河流水位、道路的高程关系。

2）洪水、潮水、雨雪积水、地下水、内涝积水等对场地的影响。

3）场地建设项目的性质。民用建筑主要考虑人、车的通行以及场地和建筑物的排水；工业建筑除了考虑上述因素外，还要考虑工艺流程、生产管线的需要。

4）工程管线的埋设要求。

5）景观设计对竖向地形的要求。

6）场地平整要以安全为原则，避免在挖方时出现塌方、滑坡、地下水位上升等不良工程后果。

7）兼顾场地土石方工程量的平衡，满足经济性要求。

### 3.1.3 与场地竖向设计相关的现行规范

我国现行的与场地竖向设计相关规范与标准主要有以下几种：

1）《城市道路交通规划设计规范》(GB 50220—1995)。

2）《城市用地竖向规划规范》(CJJ 83—1999)。

3）《防洪标准》(GB 50201—1994)。

4）《城市居住区规划设计规范》(GB 50180—1993)。

5）《城市工程管线综合规划规范》(GB 50289—1998)。

6）《建筑设计防火规范》(GB 50016—2006)。

7）《高层民用建筑设计防火规范》(GB 50045—1995)(2005 年版)。

8）《城市道路和建筑物无障碍设计规范》(JGJ 50—2001)等。

## 3.2 场地标高的确定

### 3.2.1 确定场地总体标高及坡度

1）场地防洪标准的确定，应保证场地雨水能顺利排除并不被洪水淹没，否则应有有效的防洪措施。在山区要特别注意防洪、排洪问题。在江河附近的用地，其设计标高应高出洪水位 0.5m 以上，而设计洪水位应视建设项目的性质、规模、使用年限及防洪标准等确定。

场地排水方式和组织方案(使地面雨水顺利地排除，避免积水)是竖向布置中应考虑的一个重要内容，这对于保障建设项目正常使用有重要意义。在山区、丘陵地形条件下，防洪、排洪系统的组织也会直接影响到场地的安全和使用，必须作出妥善安排。

建筑场地排除雨水的方式主要有自然排水、明沟排水、暗管排水、混合排水四种方式。

为使建筑物、构筑物周围的积水能顺利排除，又不至于冲刷地面，建筑物周围的场地应具有合适的整平坡度，一般情况下坡度应不小于0.5%；困难情况坡度也应不小于0.3%；最大整平坡度可按场地的土质和其他条件决定，但不宜超过6%。各种场地设计坡度见表3-1。

**表3-1　各种场地设计坡度**

| 场地名称 | | 适用坡度 | 最大坡度 | 备注 |
|---|---|---|---|---|
| 密实性地面和广场 | | 0.3%~3.0% | 3.0% | 广场可根据其形状、大小、地形设计成单面坡、双面坡，一般平坦地区广场最大坡度不大于1%，最小坡度应大于0.3% |
| 广场兼停车场 | | 0.2%~0.5% | 1.0%~2.0% | 停车场一般坡度为0.5% |
| 室外场地 | 儿童游戏场 | 0.3%~2.5% | — | |
| | 运动场 | 0.2%~0.5% | — | |
| | 杂用场地 | 0.3%~2.9% | — | |
| | 一般场地 | 0.2% | — | |
| 绿地 | | 0.5%~5.0% | 10.0% | |
| 湿陷性黄土地面 | | 0.7%~7.0% | 8.0% | |

2）场地竖向设计应尽可能避免深挖高填，减少土方量，减少挡土墙、护坡等工程量。在一般情况下，地形起伏变化不大的地方，应使设计标高尽量接近地形标高。在丘陵山区等地形起伏变化较大的地区，应充分利用地形，尽量避免大填大挖。

3）场地竖向设计应能够使建筑物、构筑物基础以及工程管线有适宜的埋设深度（防机械损伤、防冰冻）。

## 3.2.2　确定建筑物的室内外高差

一般应根据各种建筑物的使用性质、出入口要求、场地地形和地质条件等因素，确定室内外地坪差值（表3-2）。

一般民用建筑的底层室内地坪应最少高于室外地坪0.30m。

**表3-2　建筑物室内外地坪的最小高差**

| 建筑类型 | 最小高差/m | 建筑类型 | 最小高差/m |
|---|---|---|---|
| 宿舍、住宅 | 0.15~0.75 | 学校、医院 | 0.30~0.90 |
| 办公楼 | 0.50~0.60 | 沉降明显的大型建筑物 | 0.30~0.50 |
| 一般工厂车间 | 0.15 | 重载仓库 | 0.15~0.30 |

场地内的雨水一般通过道路路面及其边沟处的雨水口排除，为防止降雨在建筑周围形成积水，建筑物室外标高应高于道路面中心线，二者之间的地坪应形成坡向道路缘石的坡面，其坡度一般以0.5%~2%为宜。

当建筑物有进出车辆要求时，要考虑道路标高、车道距离、车道坡度等因素。道路与建筑物之间必须设置引车道。引车道的设置须保证建筑物室内外地坪的一定高差，以及车辆进出建筑物的最大纵坡限制，可选择3%～6%的坡度。

要考虑无障碍设计的建筑物，应按残疾人坡道的有关规定确定室内外高差。

### 3.2.3 确定道路的标高及坡度

场地道路标高的确定，要考虑与场外道路的连接，同时要考虑道路与建筑的关系。道路交叉点和纵坡转折点标高的确定，必须根据道路的功能、允许最大纵坡值和坡长极限值三方面因素来考虑。山区、丘陵地区道路的最大纵坡坡度见表3-3。

**表3-3 山区、丘陵地区道路的最大纵坡坡度**

| 道路种类 | 最大纵坡 | 道路种类 | 最大纵坡 |
|---|---|---|---|
| 城市主干道 | ≤8%（一般为6%） | 电瓶车道 | ≤4% |
| 城市次干道 | ≤8% | 自行车道 | ≤4% |
| 场地通路 | ≤8% | 排除雨水的最小纵坡 | 0.2%～0.4%（一般为0.3%） |
| 辅助道路 | ≤8% | | |

当道路路段连续纵坡坡度大于5%时，应设置缓和路段。缓和路段的坡度不宜大于3%，长度不宜小于300m。当地形受到限制时，缓和路段长度可减为80m。城市道路的纵坡坡度与限制坡长见表3-4。居住区内道路纵坡坡度与限制坡长见表3-5。

**表3-4 道路纵坡坡度与限制坡长**

| 道路纵坡坡度 | 限制坡长/m | | 道路纵坡坡度 | 限制坡长/m | |
|---|---|---|---|---|---|
| | 城市道路 | 场地道路 | | 城市道路 | 场地道路 |
| 5%～6% | 500～600 | 800 | 8%～9% | — | 150 |
| 6%～7% | 400 | 500 | 9%～10% | — | 100 |
| 7%～8% | 300 | 300 | 10%～11% | — | 80 |

**表3-5 居住区内道路纵坡坡度与限制坡长**

<table>
<tr><th>道路类别</th><th>最小纵坡坡度</th><th>最大纵坡坡度</th><th>多雪严寒地区最大纵坡坡度</th></tr>
<tr><td rowspan="2">机动车道</td><td rowspan="2">≥0.3%</td><td>≤8.0%</td><td>≤5%</td></tr>
<tr><td>L≤200m</td><td>L≤600m</td></tr>
<tr><td rowspan="2">非机动车道</td><td rowspan="2">≥0.3%</td><td>≤3.0%</td><td>≤2%</td></tr>
<tr><td>L≤50m</td><td>L≤100m</td></tr>
<tr><td>步行道</td><td>≥0.5%</td><td>≤8.0%</td><td>≤4%</td></tr>
</table>

注：$L$为坡长。

为尽快排除路面雨水、防止积水，以保证行车要求并避免积水侵蚀路基，道路路面必须设置横坡。道路路面横坡通常采用双坡形式（路拱），也可根据场地的具体情况选择单坡形式，通过单侧边沟（或雨水口）排除场地和路面雨水。道路横坡坡度主要取决于路面材料及做法，见表3-6，也与当地气候条件（暴雨强度与历时）有关。

**表 3-6 道路断面的横向坡度**

| 路面面层类型 | 横坡坡度 | 路面面层类型 | 横坡坡度 |
|---|---|---|---|
| 水泥混凝土路面 | 1.0% ~2.0% | 半整齐和不整齐石块路面 | 2.0% ~3.0% |
| 沥青混凝土路面 | | 碎石和碎石材料路面 | 2.5% ~3.5% |
| 其他黑色路面 | 1.5% ~2.5% | 加固和改善土路面 | 3.0% ~4.0% |
| 整齐石块路面 | | | |

此外，在工厂、货运站场、水运码头等特殊场地，往往有重力运输的要求，在不影响其生产工艺流程及运输要求的前提下，也应当充分注意完善道路与交通线路的竖向设计。

### 3.2.4 场地的竖向无障碍设计

为建设城市的无障碍环境，提高人民生活质量，确保行动不便者能方便、安全地使用城市道路和建筑物，在场地设计阶段还应考虑无障碍设计。无障碍设计的内容在场地竖向设计中具体体现在缘石坡道类型的选择、坡度及宽度的确定，建筑入口形式的选择及坡道宽度与坡度的要求等。无障碍坡道技术指标见表3-7。

**表 3-7 无障碍坡道技术指标**

| 坡道坡度(高/长) | 1/8 | 1/10 | 1/12 |
|---|---|---|---|
| 每段坡道允许高度/m | 0.35 | 0.6 | 0.75 |
| 每段坡道允许水平长度/m | 2.80 | 6.00 | 9.00 |

## 3.3 土石方测算与土石方平衡

### 3.3.1 高程与等高线

场地竖向设计就是要把现状地形变成符合各方面要求的设计地形。因此，首先要熟悉地形图和等高线的特性。

地形图用高程和等高线表示地势起伏。

1. 高程

地面上一点到大地水准面的铅垂距离，称为该点的绝对高程，简称高程或标高。我国历史上形成了多个高程系统，不同部门不同时期往往都有所区别，常见的有黄海高程、吴淞高程、珠江高程等。绝对高程因起算点不同分为不同系统，采用时应进行换算(表3-8)。目前常用的“1985年国家高程基准”（属黄海高程），是以青岛验潮站1952—1979年的潮汐观测资料为计算依据，确定的大地水准面。

除了绝对高程外，在场地竖向设计时，也可假定任一水平面为基准面，得出各点相对于该基准面的高差，称为相对高程。

表 3-8 绝对高程系统换算

| 被转换者＼转换者 | 56 黄海高程 | 85 高程基准 | 吴淞高程基准 | 珠江高程基准 |
|---|---|---|---|---|
| 56 黄海高程 | — | +0.029m | -1.688m | +0.586m |
| 85 高程基准 | -0.029m | — | -1.717m | +0.557m |
| 吴淞高程基准 | +1.688m | +1.717m | — | +2.274m |
| 珠江高程基准 | -0.586m | -0.557m | -2.274m | — |

注：高程基准之间的差值为各地区精密水准网点之间差值的平均值。

## 2. 等高线

(1) 等高线的概念　等高线是把地面上高程相同的点在图上连接而成的闭合曲线，即同一等高线各点的高程都相等。

地形图上相邻两条高程不同的等高线之间的高差称为等高距。

地形图上相邻两条等高线之间的水平距离称为等高线间距。

等高距和等高线间距是两个不同的概念。反映在地形图上，等高距愈小则等高线愈密，地貌显示就愈详细、确切；等高距愈大则图上等高线就愈稀，地貌显示就愈粗略。反映在同一张地形图上，等高线间距愈小则地面坡度愈大；等高线间距愈大则地面坡度愈小。因此在地形图上，等高距的大小反映了图样的精细程度；等高线间距的疏密则反映了地面实际坡度的大小。地形图上采用多大的等高距，一般取决于地形坡度和图样比例，通常在 1∶500 和 1∶1000 地形图上常用 1m 的等高距。

(2) 等高线的含义

1) 山脊线与山谷线。山脊处的等高线向低的方向凸出，凸出点连线形成分水线，又称山脊线。山谷处的等高线向高的方向凸出，凸出点连线形成汇水线，又称山谷线（图3-1）。

2) 从等高线判断水流方向。场地雨水的排除方向，总是垂直于等高线，从高程高的点流向高程低的点。

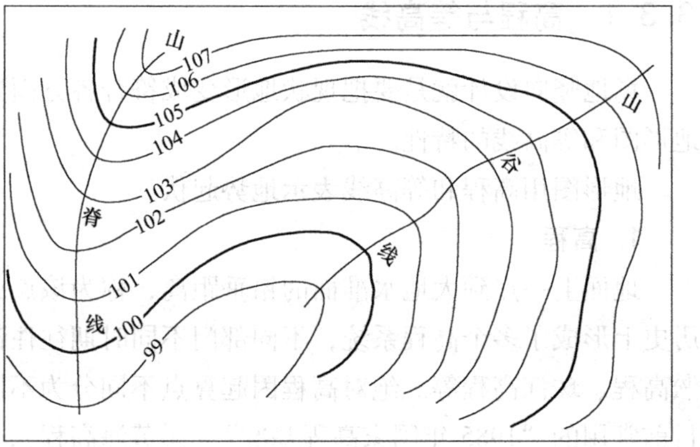


图 3-1 山脊线与山谷线

(3) 等高线的内插法　不在等高线上的任何一点的地面高程可根据等高线内插求出。手工绘制的等高线，内插比较复杂，只能计算两条线的间隔，再配合其高程值来计算。还可利用 AutoLISP 语言对 AutoCAD 进行二次开发，来实现高程点自动内插，减少出错率，提高工作效率，方便数字地模的建立。

## 3.3.2　场地平整计算

### 1. 确定控制点标高

以图3-2所示为例，利用城市规划市政道路控制点 *A*、*B*、*C*、*D* 的标高和道路纵断面的内插高程值，求得(1)、(2)、(3)、(4)、(5)各交叉点的标高。场地内(6)、(7)、(8)道路中心线交点的标高可自行设定，只要保证雨水向市政道路排放即可。之后依次对甲至戊处各地块地形进行竖向设计。可再结合各块地形处理的要求，反过来调整道路的标高，经几次反复调整，最后确定该地块全部的竖向设计方案。

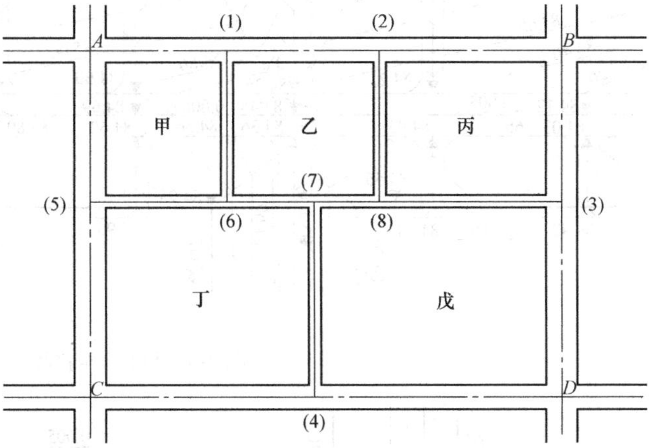


图3-2　确定控制点标高

### 2. 确定挖方与填方

确定挖方与填方的关键点在于道路场地坡度的起始点、转折点，雨、污水管线的起点，明沟起点，挖填方平衡点，与场地外的交界点。

### 3. 确定等高线

绘制场地等高线，先要求出建筑控制线上的等高线通过点，依照各点高程，确定排水趋势的设计方案，把各边建筑控制线上标高相同的点连成等高线，这样就形成场地的等高线地形图。

一般采用等高距0.1m、0.2m或0.5m的设计等高线来表示设计地形的坡向，在个别特别平坦或变化复杂的地区(如道路交叉口)，以及对平整度有严格要求的广场，可增画辅助等高线(以虚线表示)。

设计等高线法可以把设计方案明确而完整地表达出来，只要按图施工即可(图3-3)。该法可较准确地定出地下管道及检修井盖的标高，并易于确定各部位标高的相互关系是否正确且便于修改。但该法的设计时间较长，而且设计标高稍有变动，涉及修改的等高线较多。

场地标高的表示方法还有箭头法(图3-4)、标高记忆法、坡面分解法等。

### 4. 土石方量的计算和平衡

(1) 方格网计算法　用方格网法计算场地的土石方量，适用于场地地形变化较平缓、采用平坡式竖向设计、台阶宽度较大的场地，其计算精度较高。

1) 方格网的划分。方格网的大小根据地形变化的复杂程度和设计要求的精度确定。方格边长一般常采用20m×20m或40m×40m(地形平坦、机械化施工时可采用100m×100m)。方格一般为正方形。在地形变化和布置上有特殊要求的地段，可局部加密方格网

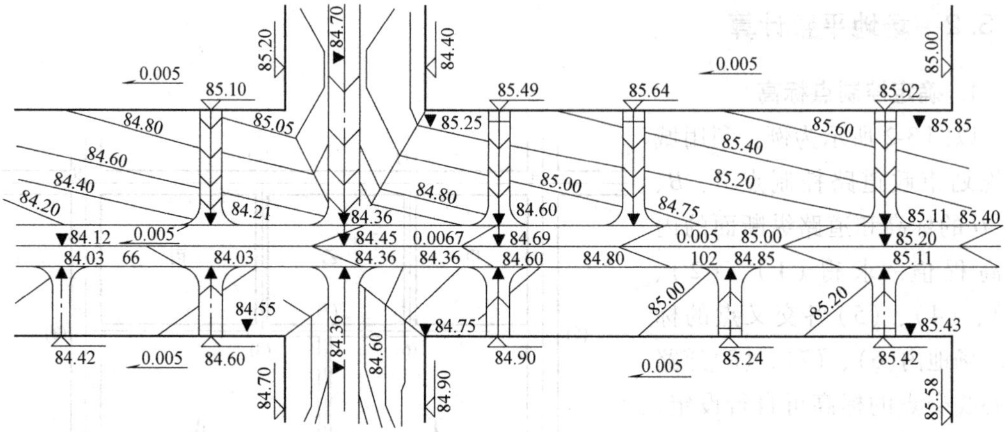


图 3-3 设计等高线法

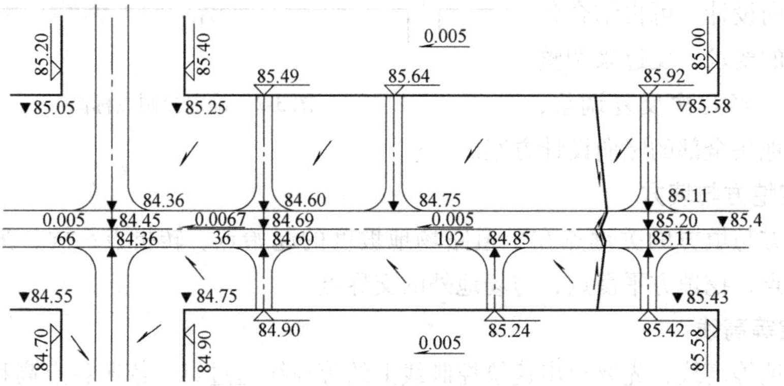


图 3-4 箭头法

(如 10m × 10m)。

2）施工高程的确定。根据已确定的竖向设计标高和场地地形测绘图，用内插法求出方格网各角点的设计地面标高和自然地面标高，并计算出该点的施工高程，即

施工高程 = 设计地面标高 − 自然地面标高

在方格网角点标注该点的设计地面标高、自然地面标高和施工高程(得数为“ − ”时表示需挖方,得数为“ + ”时表示需填方)，标注方法为：

| 施工高程 | 设计地面标高 |
|---|---|
| 点号 | 自然地面标高 |

3）标注零界点。当方格网中相邻两角点中一点为挖方，另一点为填方时，可用内插法求出“零界点”的位置，并连接“零界点”构成连续的“零界线”，其两侧分别为填方区和挖方区。

4）土石方量的计算。采用相应公式(表 3-9)分别计算每一方格网内的填方量和挖方量(填方为“ + ”、挖方为“ − ”)，然后按行分别累计总的填方量和挖方量(图 3-5)。

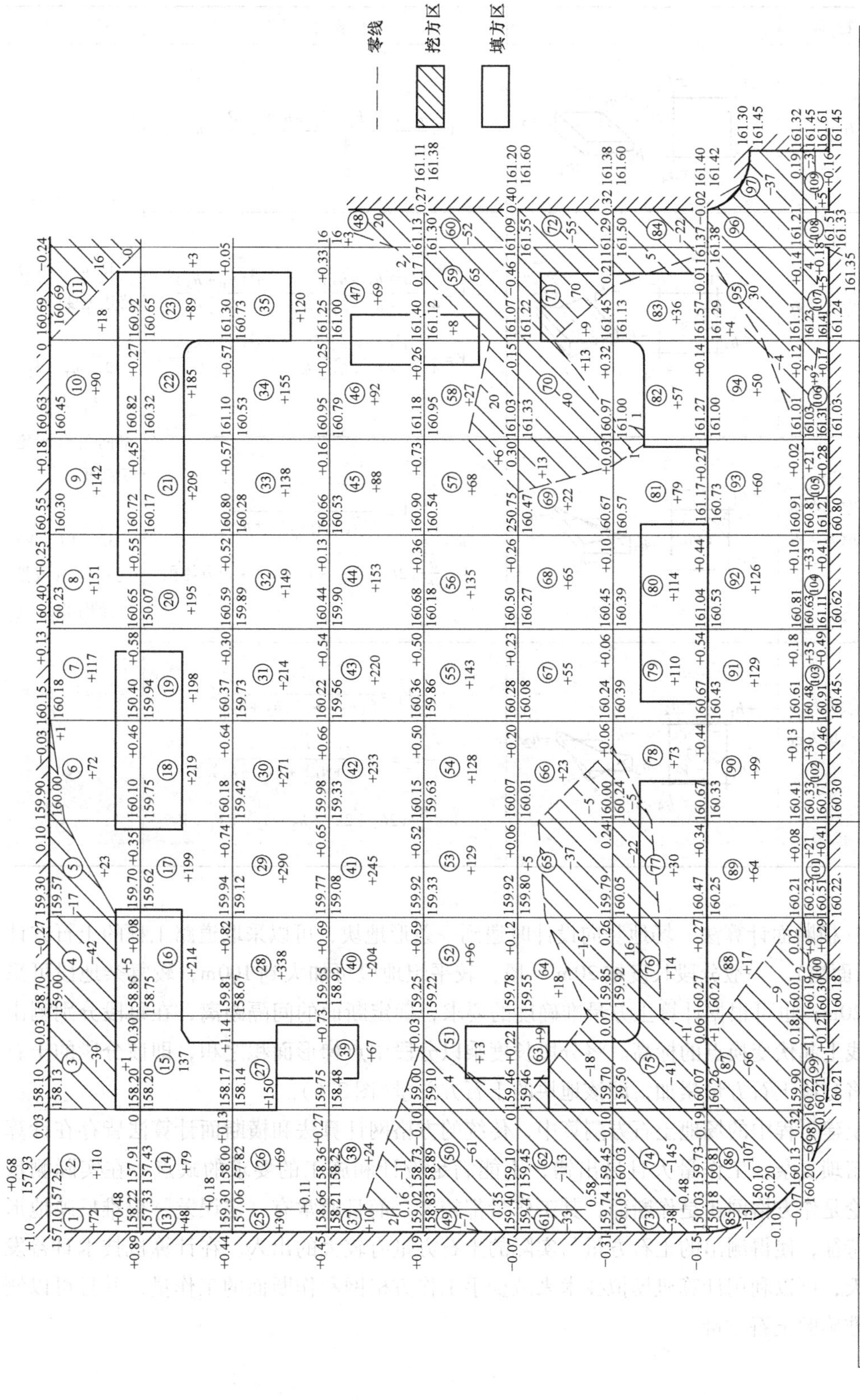


| 断面上土方体积/m³ | | | | | | | | | | | | | |
|---|---|---|---|---|---|---|---|---|---|---|---|---|---|
| | +162 | +282 | +380 | +915 | +1006 | +1148 | +1221 | +1121 | +847 | +659 | +358 | +17 | 总计 +8116 |
| | -93 | -443 | -170 | -84 | -77 | -12 | 1 | 0 | 20 | -67 | 192 | -241 | 总计 -1400 |

图 3-5　方格法土方工程系统图

**表 3-9 方格网土方计算公式**

| 土方特征 | 图示 | 计算公式 | 备注 |
|---|---|---|---|
| 四点填方或挖方 | 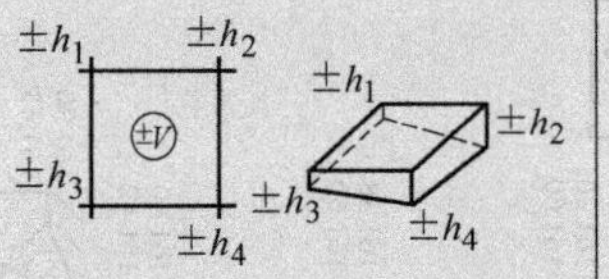 | $V=\frac{a^2(h_1+h_2+h_3+h_4)}{4}=\frac{a^2}{4}\sum h$ | 1. $a$ 表示方格边宽度(m)<br>2. $h_1$、$h_2$、$h_3$、$h_4$ 表示方格网角点的施工高度<br>3. $+V(-V)$ 表示填方(或挖方)的体积($m^3$) |
| 二点填方或二点挖方 | 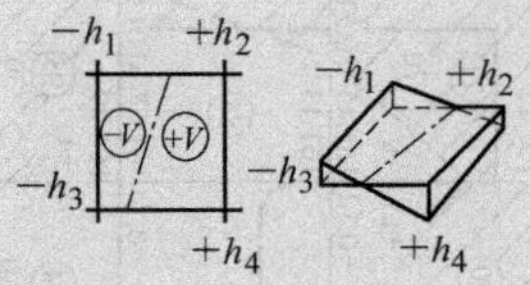 | $-V=\frac{a^2(h_1+h_3)^2}{4(h_1+h_2+h_3+h_4)}=\frac{a^2(h_1+h_3)^2}{4\sum h}$<br>$+V=\frac{a^2(h_2+h_4)^2}{4(h_1+h_2+h_3+h_4)}=\frac{a^2(h_2+h_4)^2}{4\sum h}$ | |
| 三点挖方一点填方或三点填方一点挖方 | 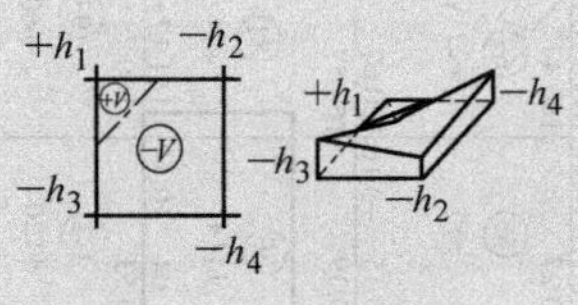 | $+V=\frac{a^2h_1^3}{6(h_1+h_2)(h_1+h_3)}$<br>$-V=\frac{a^2}{6}(2h_2+2h_3+h_4-h_1)+$挖方体积 | |
| 相对二点填方或挖方 | 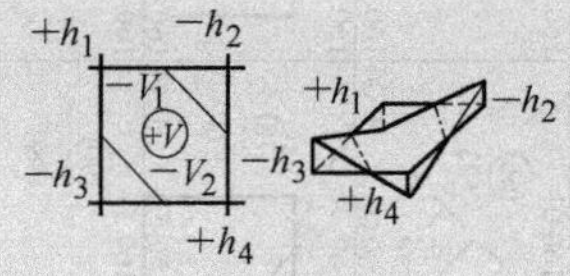 | $-V_1=\frac{a^2h_2^3}{6(h_2+h_1)(h_2+h_4)}$<br>$-V_2=\frac{a^2h_2^3}{6(h_3+h_1)+(h_3+h_4)}$<br>$+V=\frac{a^2}{6}(2h_1+2h_4-h_2-h_3)+V_1+V_2$ | |

（2）横断面计算法　场地竖向设计时遇到一条形地块，可以采取道路工程的土石方计算法(断面法)。一般分段长度按 20m 一段，较平坦地段可加大到 100m，较复杂地段可采用 10～20m；也可根据计算土方量准确度的要求，确定断面的间隔距离，在每段分别测出各分段线上起伏变换点的标高。将分段长度乘以分段中点梯形面积之积，即该分段的土石方量，将分段土石方量累加，即该地块的土石方总量(图 3-6)。

在土建工程中的场地土石方测算中，传统的方格网计算法和横断面计算法皆存在计算与测量繁琐复杂，工作量大且易出错，不能满足设计和施工的要求的缺点。在实际测量时，无论是作方格网还是作断面，其工作量都较大，而且通常有一定误差，很难反映地形的实际特征，使得测出的土石方量与实际的土石方量有较大的出入。在计算机技术日益发展的今天，可以利用计算机模拟技术来减少手工作方格网和作断面的工作量，并且可以测算出更准确的土石方量。

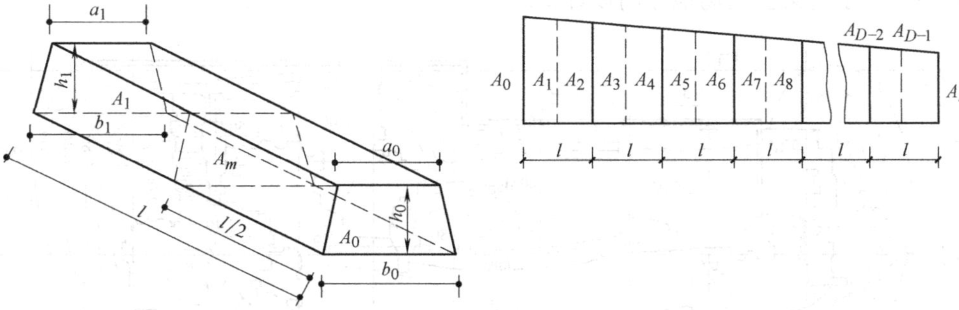


图3-6　横断面计算法□

## 3.3.3　土石方工程中的注意事项

1）充分考虑地质条件因素，安全性、经济性要求。应特别注意岩石地段，土层耐压力的变化，溶洞、滑坡、湿陷性黄土等不利地质条件。

2）充分考虑土石方工程与场地地下水之间的相互影响和变化。

3）计算土石方平衡时，要考虑到建筑物、构筑物、道路基础和地下管线埋设带来的挖方以及填方中松散系数的影响。

4）平整场地时，以填方大于挖方为宜。

# 3.4　建筑场地竖向设计实例分析

### 1. 公园场地竖向设计

公园场地竖向设计应根据公园四周城市道路规划标高和园内主要内容而确定，充分利用原有地形地貌，提出主要景物的高程及对其周围地形的要求，地形标高还必须适应拟保留的现状物和地表水的排放要求。

公园场地竖向控制应包括下列内容：山顶；最高水位、常水位、最低水位；水底；驳岸顶部；园路主要转折点、交叉点和变坡点；主要建筑的底层和室外地坪；各出入口内、外地面；地下工程管线及地下构筑物的埋深；园内外景物相互因借的观赏点地面高程。

在具体的设计方案中应根据原地形的现状，以因地制宜和因园制宜的原则来进行竖向设计。所谓因地制宜指坚持以保护利用为主，改造为辅，切实做到顺应自然、返朴归真、就地取材、追求天趣。所谓因园制宜，即根据景观需要设计，具体包括园林地貌的创作要根据公园的性质和活动的要求，满足游人的心理和各类游人的游览要求，考虑游人的安全，保证建筑物、构筑物的安全，满足植物生长的需要；要形成一个完整的整体，以创造出优美的景观效果，形成理想的空间结构；要保证各景区、各景点以及各景点中各种造园要素（山、水、树、石、建筑等）的相互协调，使各要素能够相互渗透；要考虑不同视点、视线、视角的观赏效果；创造合理的坡度，保证排水的畅通。

图 3-7 所示为某公园场地竖向设计图。

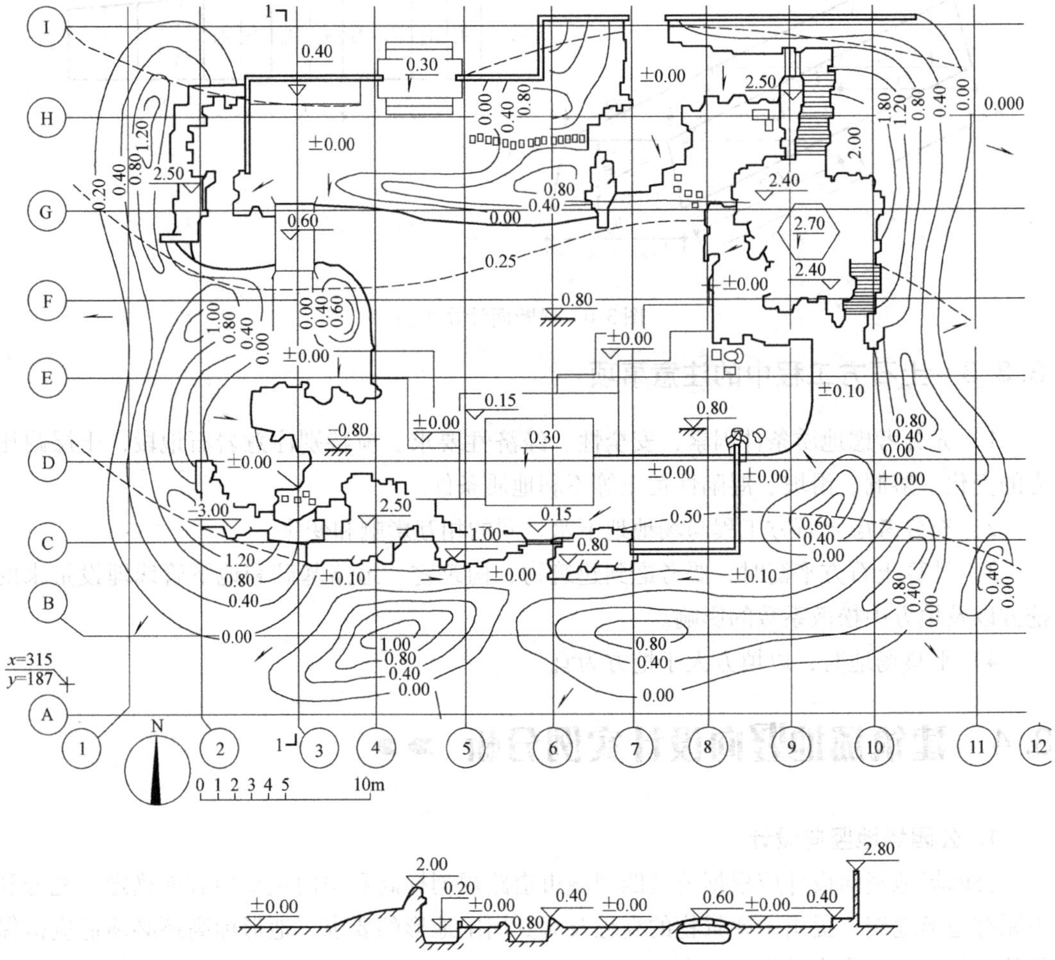

图 3-7　某公园场地竖向设计图

2. 广场竖向设计

图 3-8 所示为某广场竖向设计图。

3. 居住小区场地的竖向设计

居住小区场地竖向设计主要考虑雨水能迅速排除，并尽量减少土方工程量。其竖向高程由城市规划市政道路标高控制点标高控制，同时以污水干管的高程校核，作适当调整。

图 3-9 所示为某居住小区竖向设计图，小区原有地形较平坦，为尽量减少土方工程量，采用最小场地坡度为 0.3%，最大雨水地面径流距离为 80m，同时道路下埋雨水暗管，以达到基本无积水现象的目的。

4. 坡地居住区的竖向设计

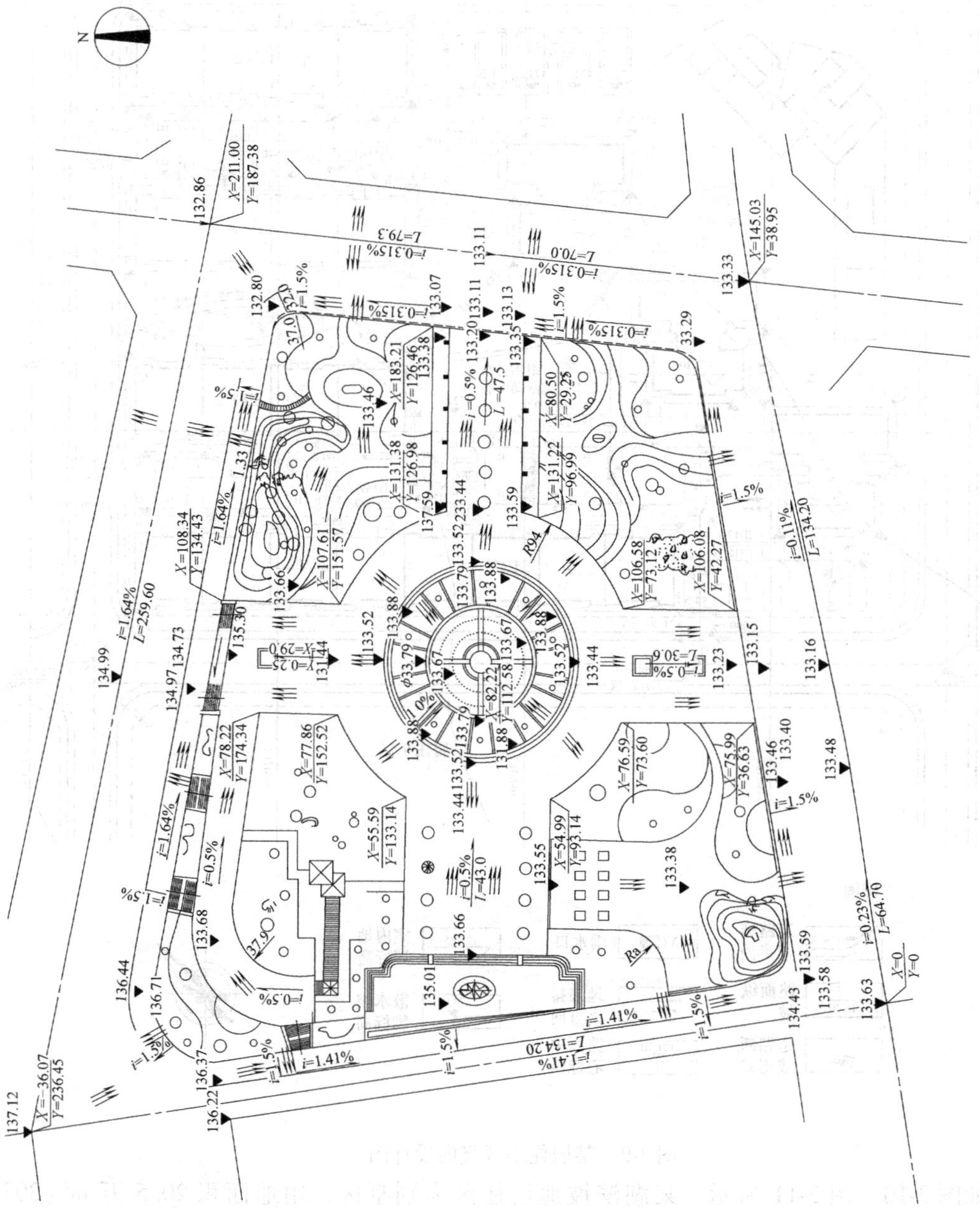


图 3-8　某广场竖向设计图

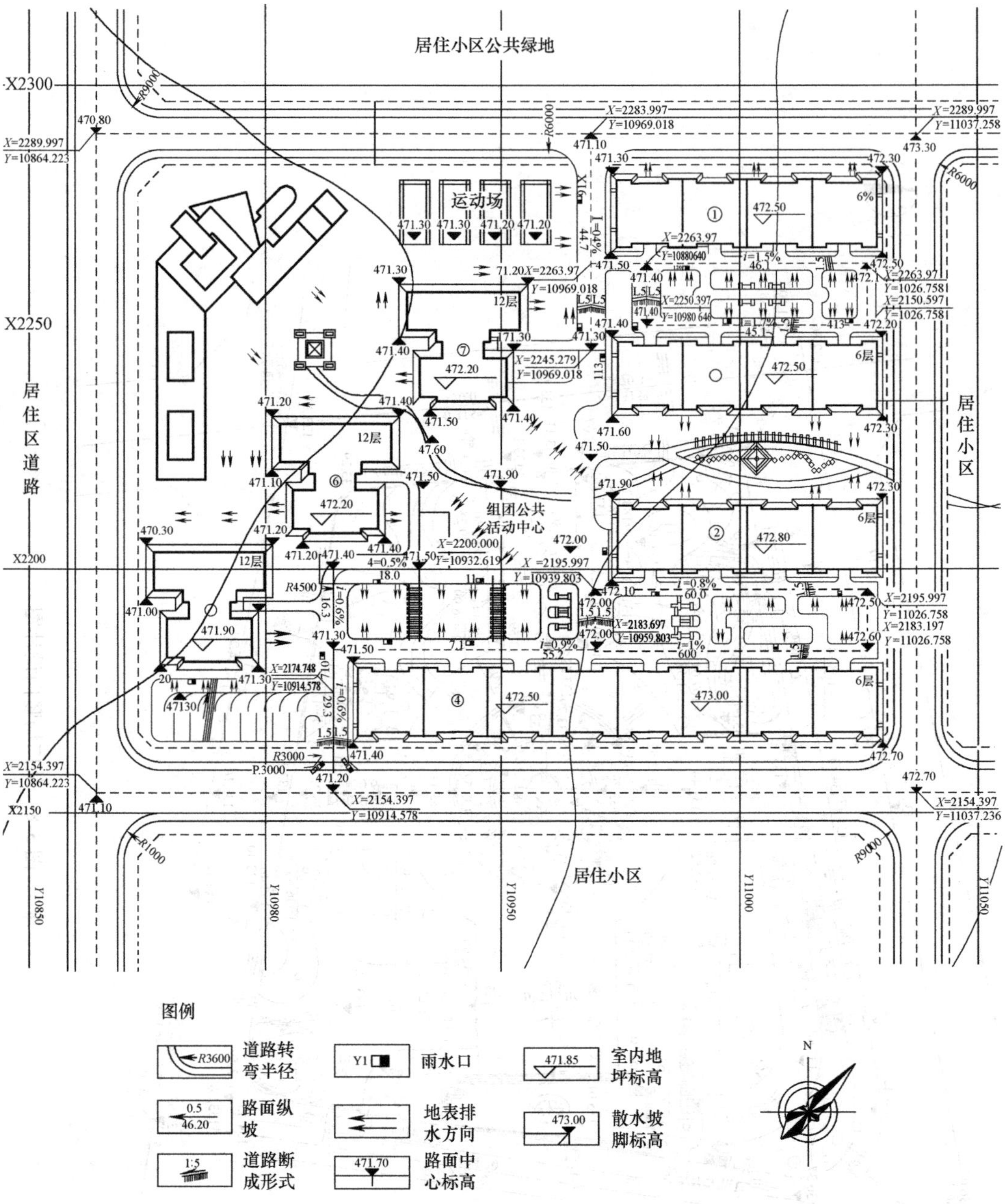


图 3-9 某居住小区竖向设计图

如图 3-10、图 3-11 所示，某湖滨坡地居住区为别墅区，用地面积 20.5 万 $m^2$（307 亩），总建筑面积 72000$m^2$，173 户，建筑密度为 17.7%，容积率为 0.35，绿化率（含私家花园）达到 75%。整体地形为面向湖面的西南向坡地，落差达 50m，坡度约 9°～10°，具有良好的自然景观资源。

该居住区内别墅依循坡地等高线及湖岸的弧度完美布局，形成错落有致、阶梯状排列的布局。

该居住区竖向高程规划设计，原则上尊重基地现状标高，适当整理地形，使基地得以充分利用，把落差 50m 的基地自高至低分为七个台阶布置建筑和道路，台阶高差小于 8m，在每个台阶上由上坡式和下坡式别墅建筑分别布置在道路两侧。消化高差的措施有两个，一是通过建筑自然错层，上坡式和下坡式各消化 3m 高差；二是通过庭院挡墙和地面坡度，消化 2m 高差，并对所有挡墙用退阶和绿植处理，弱化其生硬的视觉效果。

图 3-10　某湖滨坡地居住区总平面图

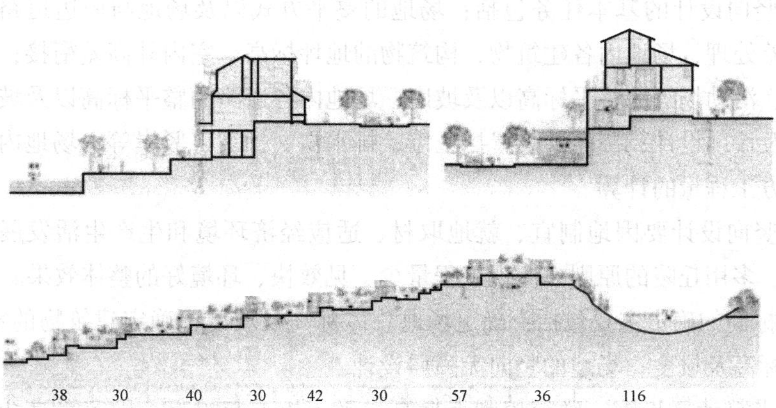


图 3-11　某湖滨坡地居住区竖向布置剖面图

**5. 山区学校的竖向设计**

图 3-12 所示为某山区新村学校竖向规划设计图。

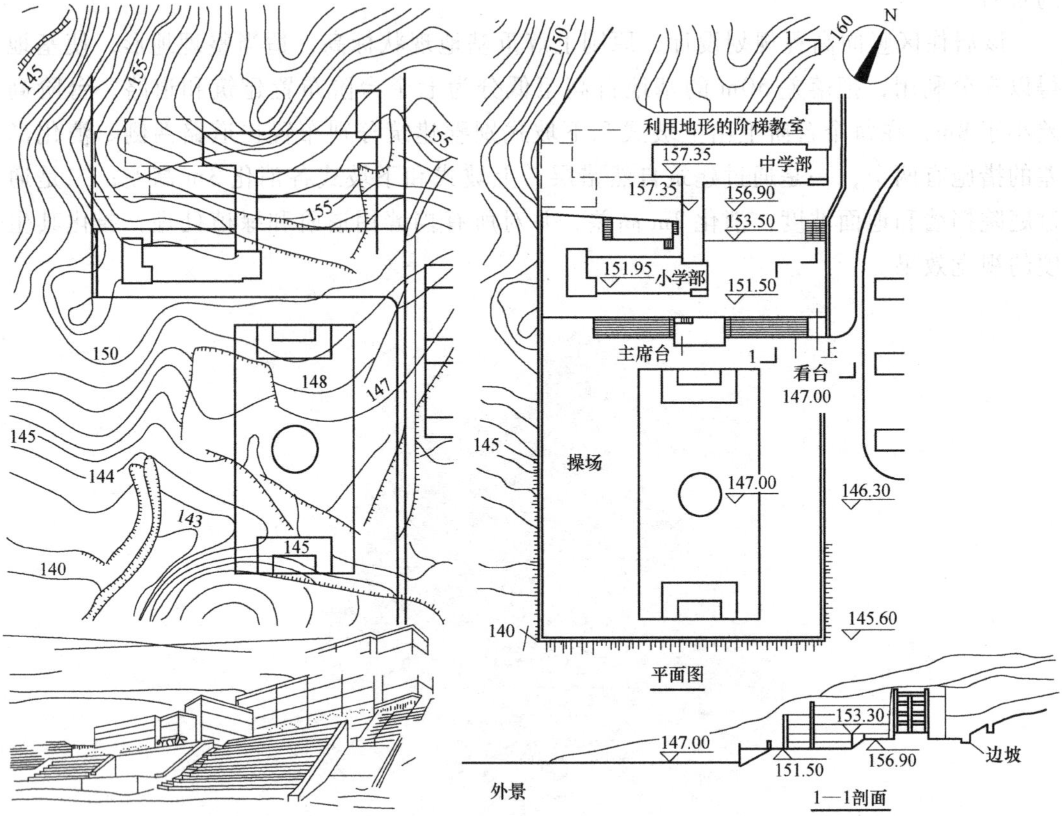


图 3-12　某山区新村学校竖向规划设计图

## 本 章 小 结

1. 场地竖向设计的基本任务包括：场地的整平方式以及场地与周边道路、地块、河道之间的高差处理；场地内各建筑物、构筑物的地坪标高，室内外高差衔接；场地内各广场、停车场、活动场等的整平标高以及坡度；场地内各道路的整平标高以及坡度；场地内绿地的标高及坡度设计；按需要设置挡土墙、排水沟、护坡、驳岸等；场地内土石方的平衡以及土石方工程量的计算。

2. 场地竖向设计要因地制宜、就地取材、适应经济环境和生产生活发展的需要，本着少占耕地、多用丘陵的原则，体现工程量少、见效快、环境好的整体效果。

3. 场地标高的确定主要包括：确定场地总体标高及坡度；确定建筑物的室内外高差；确定道路的标高及坡度；场地的竖向无障碍设计。

4. 场地平整计算步骤：确定控制点标高；确定挖方与填方；确定等高线；土石方量的计算和平衡。土石方量的计算和平衡，可采用方格网计算法和横断面计算法。

# 第 4 章　建筑场地的景观设计

**学习目标**

通过对本章的学习，熟悉场地景观设计的原则；了解景观设计中地形地貌，植物造景设计，水体设计，景观小品和地面铺装等方面的设计内容。

## 4.1　场地景观设计的原则

场地景观设计必须符合城市总体规划和分区规划、详细规划等的要求；从场地的基础条件、地形地貌、土质水文、气候条件、动植物生长情况、市政配套设施等现状条件综合分析场地景观规划设计的可行性方案及规划实施的相应措施，并综合考虑场地景观规划设计的内容及实施过程，发挥土地在景观规划中的经济效益。

场地景观设计具体应坚持以下几条原则：

**1. 因地制宜原则**

应注重场地，因地制宜，寻求与场地和周边环境密切联系、形成整体的设计理念。景观设计师的作用并非在于刻意创新，更多的在于发现，在于用专业的眼光去观察、去认识场地原有的特性，发现其中积极的方面并加以引导。其中，发现与认识的过程也是设计的过程。因此说，最好的设计看上去就像没有经过设计一样，只是对场地景观资源的充分发掘、利用而已。这就要求设计师在对场地充分了解的基础上，概括出场地的最大特性，以此作为设计的基本出发点。就像“潜能布朗”所说的，每一个场地都有巨大的潜能，要善于发现场地的灵魂。

**2. 社会性原则**

应注重空间结构和景观格局的塑造，强调空间胜于实体的设计理念，以塑造人性化的景观环境。景观是由两部分组成，一是由一些景观元素构成的实体；二是由实体构成的人性化空间。实体比较容易受到关注，而人性化空间往往容易被忽略。尤其是我们目前的设计方法，常常只注重那些硬质实体景物，对软质的空间环境相对忽视，对空间的形态、外延、可进入性，以及邻里空间的联系等注重不够，形成各种堆砌景物的设计方法。

**3. 经济性原则**

应顺应市场发展需求及地方经济状况，注重节能节材，注重合理使用土地资源。提倡朴实简约，反对浮华铺张，并尽可能采用新技术、新材料、新设备，达到优良的性价比。

4. 生态原则

应尽量保持现存良好的生态环境，改善原有不良的生态环境。提倡将先进的生态技术运用到环境景观的塑造中去，利于人类的可持续发展。

5. 历史性原则

应充分尊重历史，保护和利用历史性景观，对于历史保护地区的场地景观设计，更要注重整体的协调统一，做到保留在先，改造在后。

## 4.2 建筑场地地形地貌的创造

地形地貌是场地景观设计最基本的条件和基础。地形地貌总体上分为山地和平原，进一步可以划分为盆地、丘陵，局部可以分为凹地、凸地等。在景观设计时，要充分利用原有的地形地貌，考虑生态学的观点，营造符合当地生态环境的自然景观，减少对原有生态环境的干扰和破坏；同时，可以减少土石方量的开挖，节约经济成本。因此，充分考虑应用地形特点，是安排布置好其他景观要素的基础。常见地形创造手法如图 4-1 ~ 图 4-3 所示。

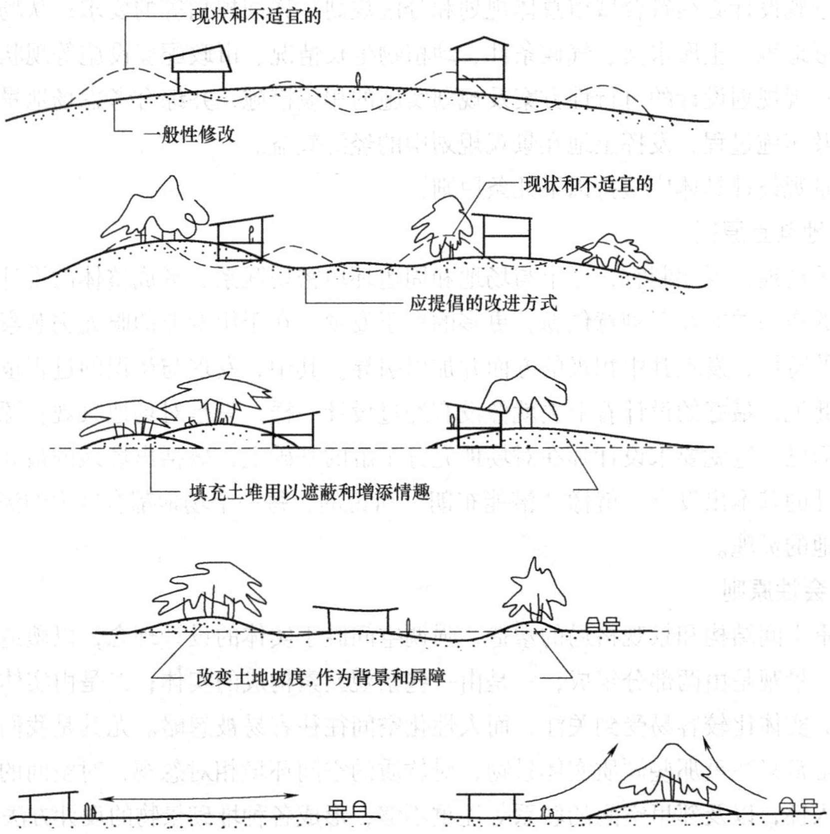


图 4-1 地形创造（一）

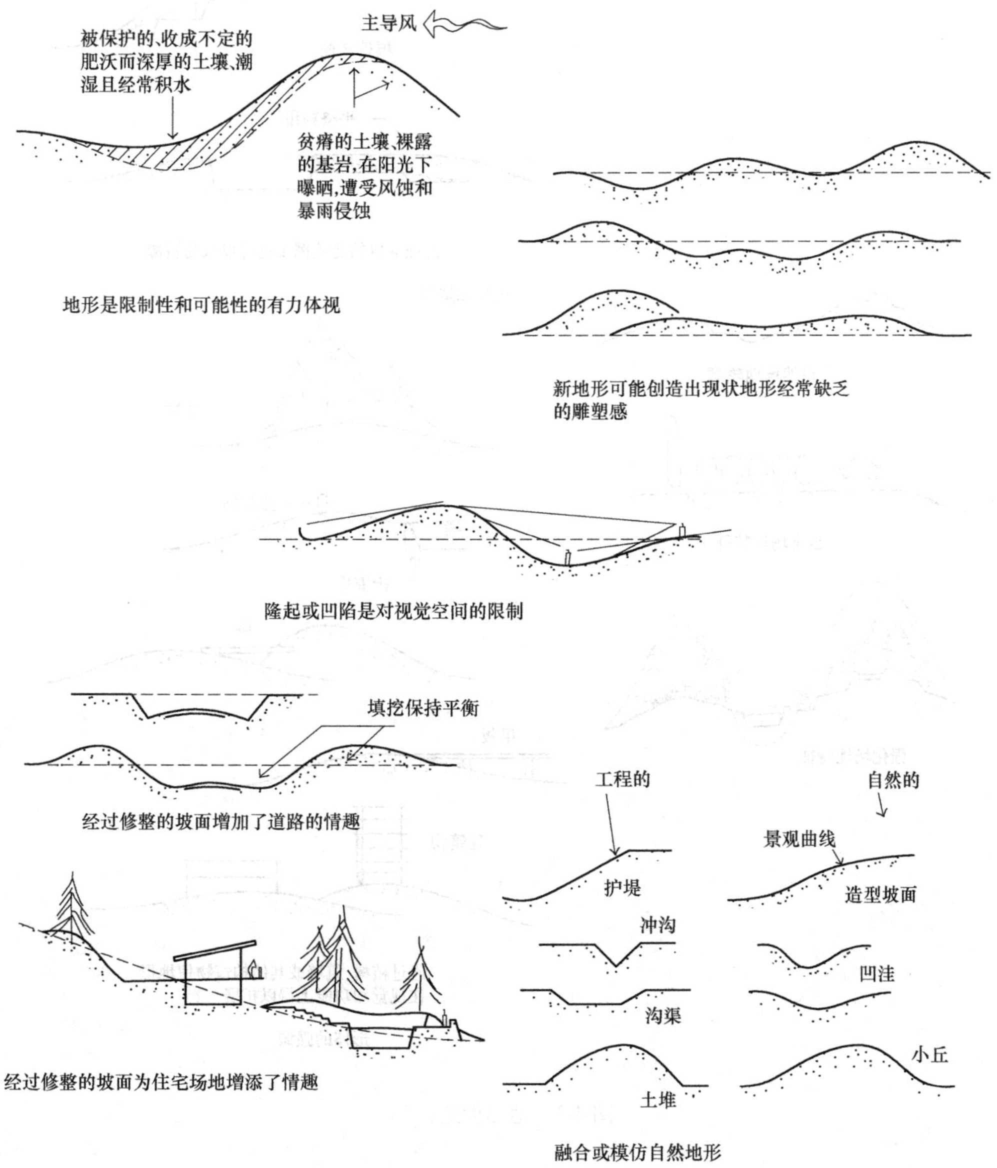
主导风
被保护的、收成不定的肥沃而深厚的土壤、潮湿且经常积水
贫瘠的土壤、裸露的基岩,在阳光下曝晒,遭受风蚀和暴雨侵蚀
地形是限制性和可能性的有力体视
新地形可能创造出现状地形经常缺乏的雕塑感
隆起或凹陷是对视觉空间的限制
填挖保持平衡
经过修整的坡面增加了道路的情趣
经过修整的坡面为住宅场地增添了情趣
工程的
自然的
景观曲线
护堤
造型坡面
冲沟
凹洼
沟渠
小丘
土堆
融合或模仿自然地形

图 4-2　地形创造(二)

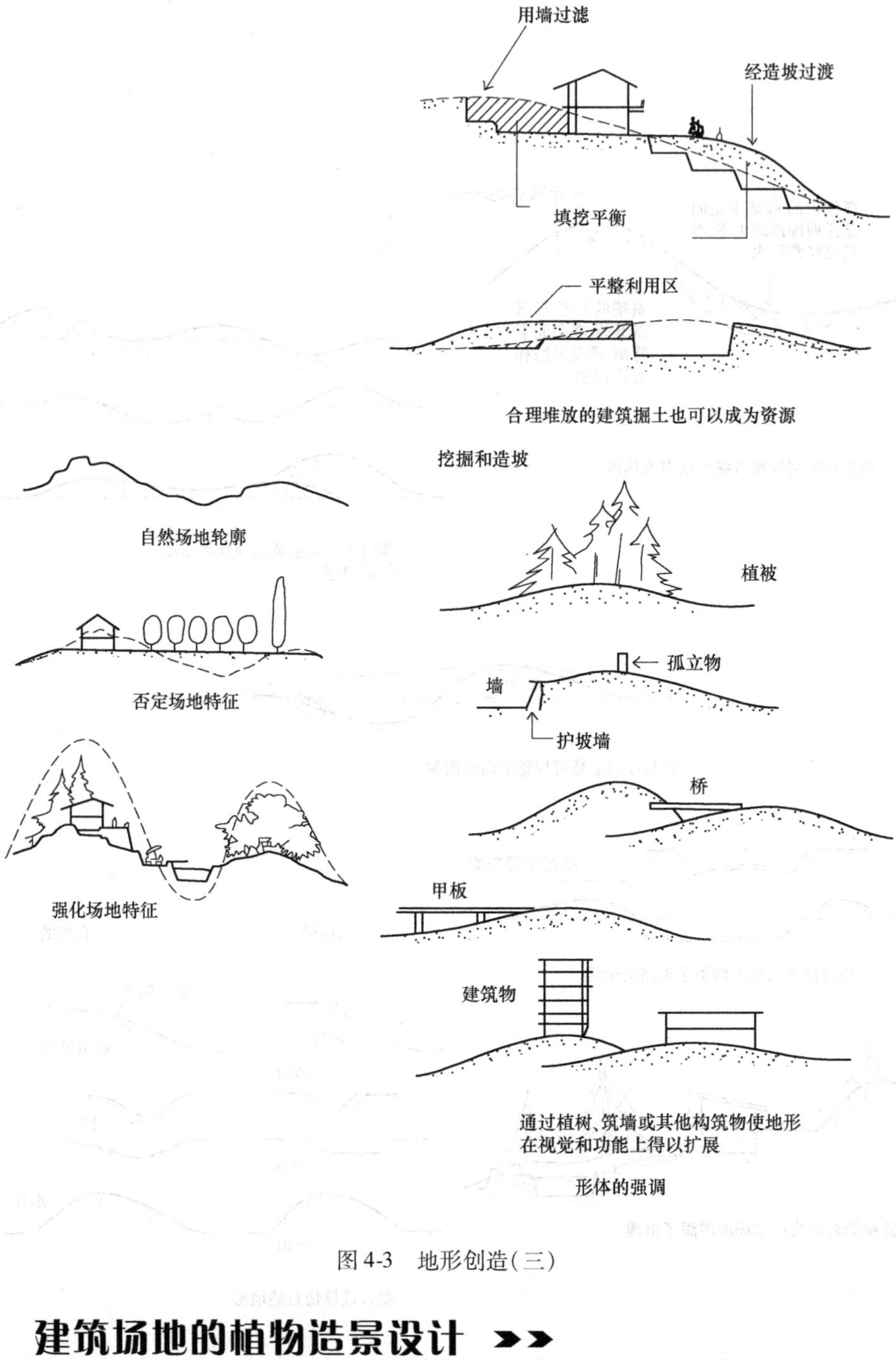


图 4-3　地形创造(三)

## 4.3　建筑场地的植物造景设计

### 4.3.1　植物造景的概念和类型

植物造景是按照园林植物的生态习性和园林艺术布局的要求，合理配置创造各种优美景观的过程。它是场地景观设计中十分重要的组成部分。

植物造景按其类型可分为自然式、规则式、混合式、自由式(图4-4)。自然式配置以模仿自然，强调变化为主，具有活泼、愉快、幽雅的自然情调；规则式配置多以轴线对称，成行成排种植，有强烈的人为感、规整感；混合式和自由式配置是前两种配置手法的综合运用，体现两者的对比与融合。

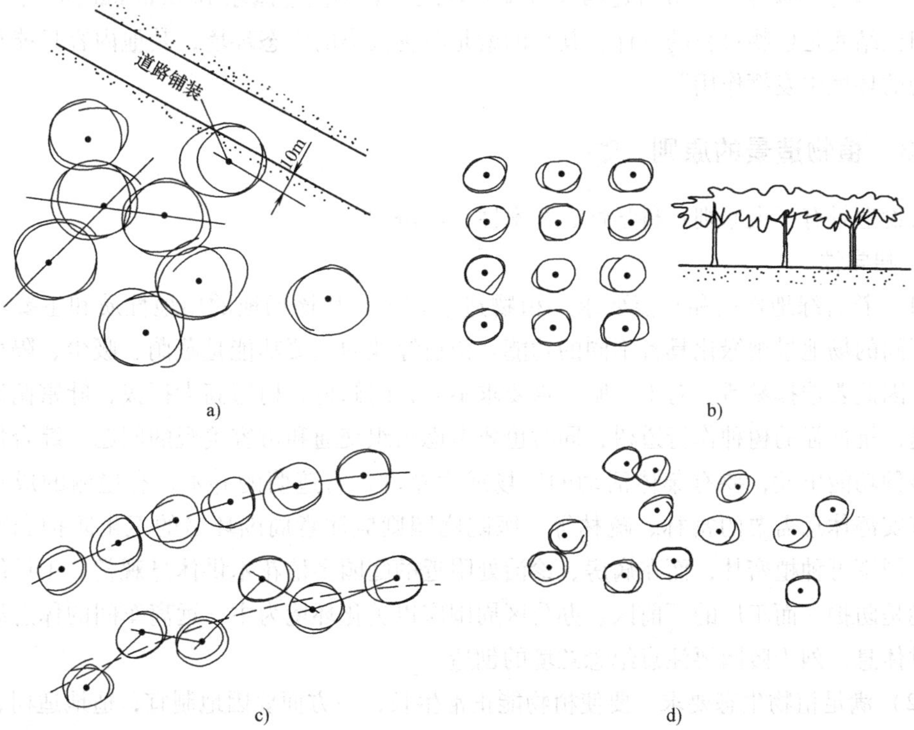


图4-4　植物造景布置形式

a）自然式　b）规则式　c）混合式　d）自由式

## 4.3.2　植物造景的作用

植物是景观设计的重要素材之一，景观设计中的植物素材包括草坪、灌木和各种大、小乔木等。巧妙合理地运用植物造景不仅可以成功营造出优美怡人的环境空间，还可以改善场地的局部气候环境。

植物造景的功能包括非视觉功能和视觉功能。非视觉功能指植物改善气候、保护物种的功能；视觉功能指植被在审美上的功能，是否能使人感到心旷神怡。通过植物的视觉功能可以实现对空间的分割，形成构筑物或景观装饰灯等。

Gary O. Robinette 在其著作《植物、人和环境品质》中将植物造景的功能分为四大方面：建筑功能、工程功能、调节气候功能、美学功能。

1）建筑功能。界定空间、遮景、提供私密性空间和创造系列景观等，简言之，即空间造型功能。

2）工程功能。防止眩光、防止水土流失、噪声及交通视线诱导。

3）调节气候功能。遮荫、防风、调节温度和影响雨水的汇流等。

4）美学功能。强调主景、框景及美化其他设计元素，使其作为景观焦点或背景；另外，利用植被的色彩差别、质地等特点还可以形成小范围的特色，以提高场地的识别性，使场地更加人性化。

在中国传统园林中，植物是四大造园要素之一。英国造园家 B. Clauston 提出：“园林设计归根结底是植物材料的设计，其目的就是改善人类的生态环境，其他内容只能在一个有事物的环境中发挥作用”。

## 4.3.3 植物造景的原则

植物造景有三大原则：科学性、艺术性、经济性。

**1. 科学性**

（1）符合绿地性质和功能要求　植物造景首先要从该场地的用地性质和主要功能出发，不同的场地景观绿化具备不同的功能。街道绿地的主要功能是蔽荫、吸尘、隔声、美化等，因此要选择易活，对土、肥、水要求不高，耐修剪，树冠高大挺拔，叶密荫浓，生长迅速，抗性强的树种作行道树，同时也要考虑组织交通和市容美观的问题。综合性公园从其多种功能出发，要有集体活动的广场或大草坪，有遮荫的乔木，有艳丽的成片的灌木，有安静休息需要的密林、疏林等。医院庭园则应注意周围环境的卫生防护和噪声隔离，在周围可种植密林，而在病房、诊治处附近的庭园多植花木供休息观赏。工厂绿化主要功能是防护，而工厂的厂前区、办公区周围应以美化环境为主，远离车间的休息绿地主要是供休息。烈士陵园要注意纪念意境的创造。

（2）满足植物生态要求　要使植物能正常生长，一方面要因地制宜，适地适树，使种植植物的生态习性和栽植地点的生态条件基本上能够得到统一；另一方面要为植物的正常生长创造适合的生态条件。

各种园林植物在生长发育过程中，对光照、温度、水分、空气等环境因子都有不同的要求，在植物造景时，应满足植物的生态要求，使植物正常生长，并保持一定的稳定性，这就是通常所讲的适地适树，即根据场地条件选择合适的植物种类，或者通过引种驯化或改变场地生长条件，使植物成活和正常生长。

（3）有合理的种植密度和搭配　在平面上要有合理的种植密度，使植物有足够的营养空间和生长空间，从而形成较稳定的群体结构，一般应根据成年树木的冠幅来确定种植点的距离。为了在短期内达到配置效果，也可适当加大密度，过几年后再逐渐减去一部分植物。另外也要考虑植物的生物特征，注意将喜光与耐阴、速生与慢生、深根性与浅根性等不同类型的植物合理地搭配，在满足植物生态条件的基础上创造优美、稳定的植物景观。

**2. 艺术性**

（1）总体艺术布局上要协调　园林绿化不仅有实用功能，而且能形成不同的景观，给人以视觉、听觉、嗅觉上的美感，属于艺术美的范畴。因此在植物配置上也要符合艺术美的规律，合理地进行搭配，最大程度地发挥园林植物美的魅力。

不同的绿地、景点、建筑物的性质和功能都不同，在植物配置时要体现不同的风格，处理好其与建筑、山体、水体、道路的关系。如公园、风景点要求绿化四季美观，繁花似锦，活泼明快，树种要多样，色彩要丰富；寺院、古迹则要求其绿化庄严、肃穆，配置树种时必须注意其体形大小、色彩浓淡要与建筑物的性质和体量相适应。

（2）考虑四季景色的变化 应综合考虑时间、环境、植物种类及其生态条件的不同，使丰富的植物色彩随着季节的变化交替出现，如在游人四季都很集中的地段，四季皆要有景可赏。植物景观组合的色彩，气味，植株、叶、花、果的形态变化也是多种多样的，要主次分明，从功能出发，突出某一个方面，以免产生杂乱感。

（3）全面考虑植物形、色、味、声的效果 人们欣赏植物景色的要求是多方面的，而全能的园林植物是极少的，因此，要发挥每种园林植物的特点，根据其各自特点综合搭配，进行合理设计。

（4）从整体着眼，注意平面和立面变化 园林植物种植设计要从总体着眼，在平面上注意种植的疏密，在竖向上注意林冠线的形态，树林中注意开辟透景线；同时要重视植物的景观层次，兼顾远近观赏效果（远观常看整体、大片效果；近观欣赏单株树、花、果、叶等的形态）。

在植物种植的总体艺术布局上也应力求协调，应根据局部环境在总体布置中的要求，采用不同的种植形式。规则式园林植物种植多对植、列植，而在自然式园林绿地中则采用自然式种植，充分表现植物的自然姿态。如在大门、主要道路、整形广场、大型建筑物附近多采用规则式种植，而在自然山水、草坪及不对称的小型建筑物附近则采用自然式种植。

**3. 经济性**

（1）充分运用乡土树种 各地区都有独具特色的乡土树种，若能善于利用这些丰富的植物资源，在植物配置方面就会有新的突破，这也是解决城市园林绿地不断增加而建设费用节节上涨矛盾的有效办法。因为乡土树种适应性强，苗木易得，又可突出地方特色。

（2）注重经济树种种植 种植一些观果、观叶的经济林树种，如柿树、银杏、枇杷、杨梅、薄壳山核桃、杜仲等，可使观赏性与经济效益有机地结合起来。

### 4.3.4 种植与绿化布置要求

绿化种植要与场地总图布置密切配合，也要注意植物与地方自然条件的关系。树木有喜阴、阳，喜寒、温，耐旱、涝、酸、碱，抗风、沙病害等不同特性；地方自然条件如海拔，地形的坡向、坡度，土壤的酸碱、砂粘性质，气候等情况皆不一样，故种植要考虑植物的适应能力。

绿化布置是保护和美化环境的重要措施，因而必须根据具体要求，与场地环境相协调，与总平面布局综合考虑；要有利于消除或减轻生产过程中产生的灰尘、废气和噪声对环境的污染，创造良好的生产和生活环境；要因地制宜地选用植物材料，尽快发展绿化效益；不得影响交通和地上、地下管线的运行和维修具体间距要求见表4-1、表4-2。

**表4-1 绿化植物与建筑物、构筑物最小间距要求**

| 名　称 | 最小间距/m | |
|---|---|---|
| | 至乔木中心 | 至灌木中心 |
| 有窗建筑物外墙 | 3.0 | 1.5 |
| 无窗建筑物外墙 | 2.0 | 1.5 |
| 道路侧面外缘、挡土墙脚、陡坡 | 1.0 | 0.5 |
| 高2m以下的围墙 | 1.0 | 0.75 |
| 排水用明沟边缘 | 1.0 | 0.5 |
| 警亭 | 3.0 | 2.0 |

**表4-2 种植树木与地下工程管道的水平间距要求**

| 名　称 | 至中心最小距离/m | |
|---|---|---|
| | 乔木 | 灌木 |
| 给水管、闸井 | 1.5 | 不限 |
| 污水管、雨水管、探井 | 1.0 | 不限 |
| 电力电缆、电信电缆、探井 | 1.5 | 1.0 |
| 热力管 | 1.5 | 1.0 |
| 电力、电信杆及路灯电杆 | 2.0 | 不限 |
| 消防水龙头 | 2.0 | 1.2 |
| 煤气管、探井 | 1.5 | 1.5 |
| 石油管 | 1.5 | 1.0 |
| 天然气管 | 1.2 | 1.2 |

植物的配置应根据功能、艺术构图和生物学特性的要求，依据场地的基本条件进行。植物的配置组合形式基本有孤植、对植、丛植、树群、草坪等几种，见表4-3。

**表4-3 植物的配置组合形式**

| 组合名称 | 组合形态及效果 | 种植方式 |
|---|---|---|
| 孤植 | 突出树木的个体美，可成为开阔空间的主景 | 多选用粗壮高大、体形优美、树冠较大的乔木 |
| 对植 | 突出树木的整体美，外形整齐美观，高矮大小基本一致 | 以乔灌木为主，在轴线两侧对称种植 |
| 丛植 | 以多种植物组合成的观赏主体，形成多层次绿化结构 | 以遮阳为主的丛植多由数株乔木组成；以观赏为主的多由乔灌木混交组成 |
| 树群 | 以观赏树组成，表现整体造型美，产生起伏变化的背景效果，衬托前景或建筑物 | 由数株同类或异类树种混合种植，一般树群长宽比不超过3:1，长度不超过60m |
| 草坪 | 分观赏草坪、游憩草坪、运动草坪、交通安全草坪、护坡草皮，主要种植矮小草本植物，通常成为绿地景观的前提 | 按草坪用途选择品种，一般允许坡度为1%～5%，适宜坡度为2%～3% |

植物作为三维空间的实体，以各种方式交互形成多种空间效果，植物的高度和密度影响空间的塑造，见表4-4。不同的植物组合可以形成不同的空间效果，如图4-5a所示，中型

**表 4-4 植物组合的空间效果**

| 植物分类 | 植物高度/cm | 空间效果 |
|---|---|---|
| 花卉、草坪 | 13～15 | 能覆盖地表，美化开敞空间，平面上暗示空间 |
| 灌木、花卉 | 40～45 | 产生引导效果，界定空间范围 |
| 灌木、竹类、藤本类 | 90～100 | 产生屏障功能，改变暗示空间的边缘，限定交通流线 |
| 乔木、灌木、藤本类、竹类 | 135～140 | 分隔空间，形成连续完整的围合空间 |
| 乔木、藤本类 | 高于人水平视线 | 产生较强的视线引导作用，可形成较私密的交往空间 |
| 乔木、藤本类 | 高大树冠 | 形成顶面的封闭空间，具有遮蔽功能，并改变天际线的轮廓 |

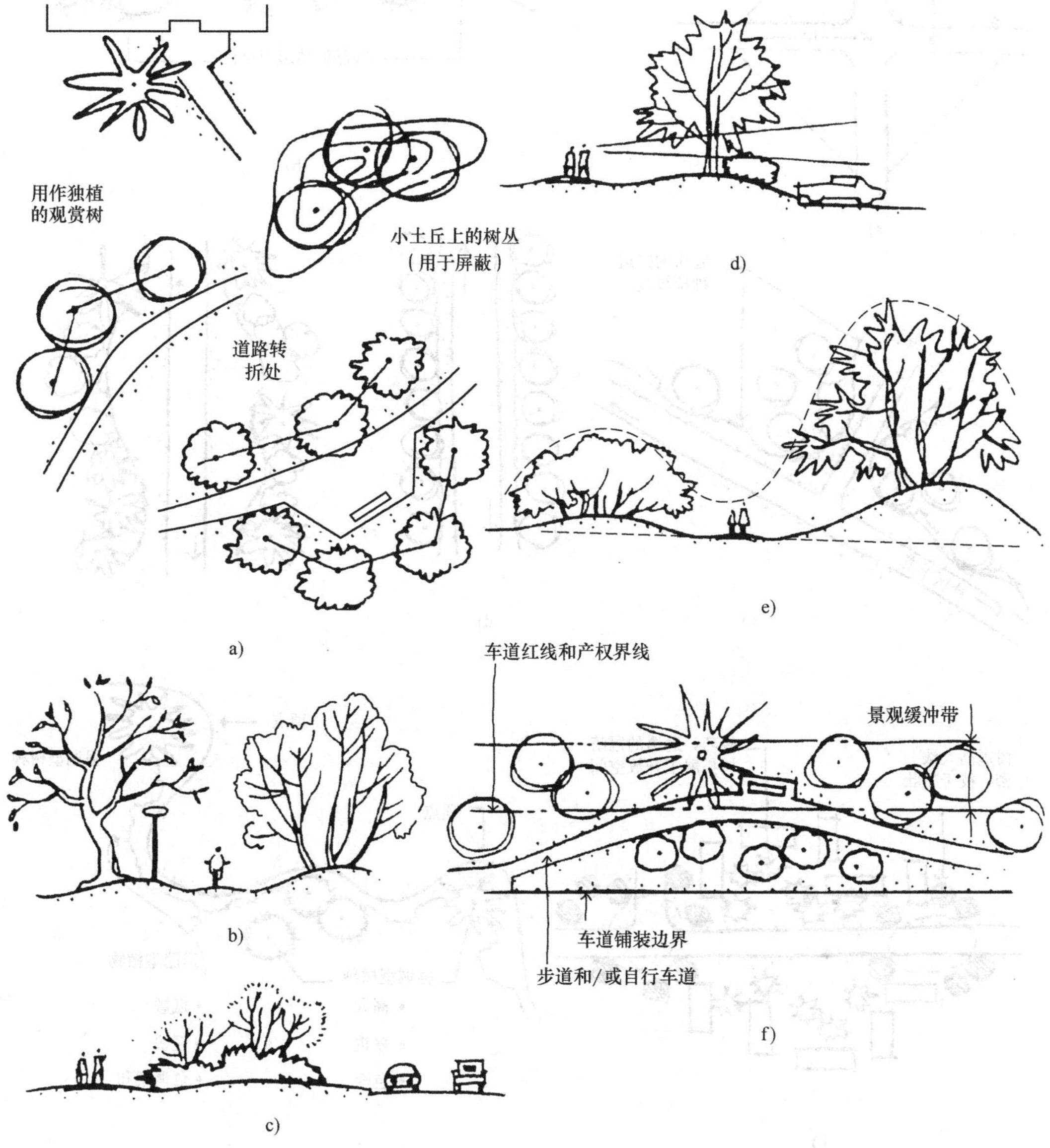


图 4-5 植物组合的空间效果（一）

树(与灌丛)是场所、平台及路线的限定者，利用它们可以来强化规划的线条和形式；图4-5b所示，树木为步道和自行车道带来了荫凉和乐趣；图4-5c所示，邻接交通道路处设置植物屏障可以消减噪声和强光；图4-5d所示，植物与土丘结合可以隐藏停车场及服务设施；图4-5e所示，种植与地形改造结合可以用来创造景观趣味；图4-5f所示，在空间有限且“景观缓冲带”需要保证的地方，景观建设和种植可以在街道红线之外进行形式与空间的调整。又如图4-6a所示，在交通节点处避免使用灌木丛和低分枝树木，可保持视线

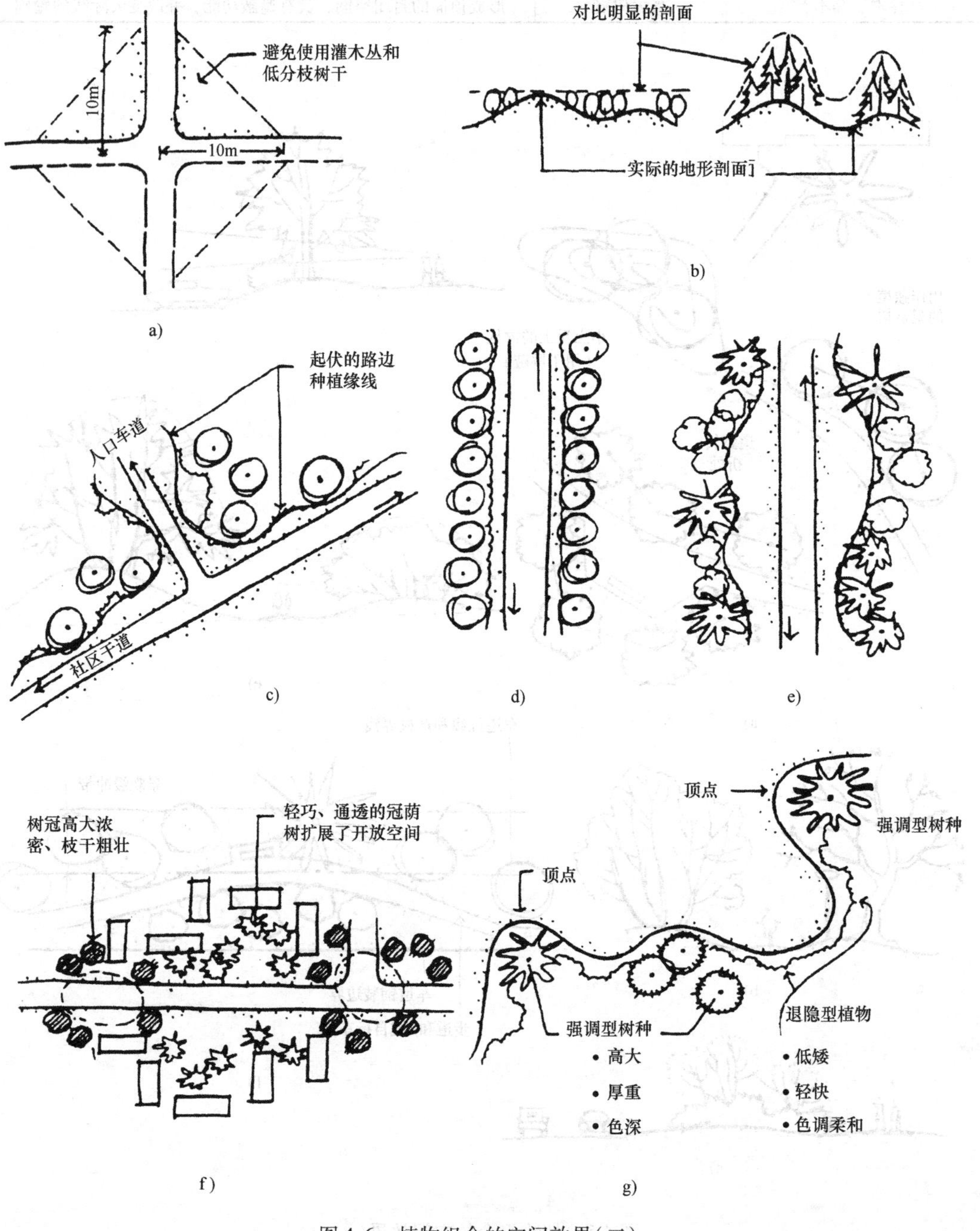


图4-6 植物组合的空间效果(二)

的通畅；图4-6b所示，植物可以很好地用来加强地形、强化景观力度；图4-6c所示，起伏的路边种植缘线，可以为每个住宅单元都创造一个港湾状的入口；图4-6d所示，道边及其他种植可避免林缘线的过于单调；图4-6e所示，在绿化的平面布置和垂直剖面上都制造起伏，可增加景观的吸引力；图4-6f所示，利用更具造型化特征的树种，可以用来强调建筑的围合与道路的节点；图4-6g所示，在大片种植中，利用强调型植物可以用来强调顶点位置，并使“湾”部后退。

## 4.4 建筑场地的水体设计

一个城市会因山而有势，因水而显灵，喜水是人类的天性。水的形态多样，千变万化，因此水体设计是景观设计的重点和难点。

景观设计大体将水体分为静态水和动态水的设计方法。静有安详，动有灵性。

根据水体的功能还可以将其分为观赏类、嬉水类。

### 4.4.1 水体设计的作用

水体可调节环境小气候的湿度和温度，对生态环境的改善有着重要作用，水景在场地设计中如果运用恰当，可以取得画龙点睛的作用。优美的水体景观有以下作用：

（1）构成开朗的空间　园中水体大多是面积大的湖、沼、池，往往本身占着大面积的水域，水面平坦，故有“波平如镜，清澈见底”的形容。水本身无色但反射倒影，可使园中增加开朗宽阔之感。

（2）增加统一感　水在造园上的布置，均顾及水中倒影，故池沼旁、水流畔均有树木及景物的点缀。水中更可蓄养鱼虾，栽植莲藕。园中景物之间的关系可因水的布置而获得缓冲及统一。

（3）形成布局的焦点　水景经常是造园中的重要布局，易于吸引视线。水体作为重要的景观设计要素之一，而被广泛应用。

水体设计应结合场地气候、地形及水源条件等因素，通常要考虑以下几点：

1）水体设计和地面排水结合。

2）管线和设施的隐蔽性设计。

3）防水层和防潮性设计。

4）与灯光照明相结合。

5）南方干热地区应尽可能提供亲水环境。

6）寒冷地区应考虑结冰防冻，可考虑设计结冰期的枯水景观。

### 4.4.2 水体的基本设计形式

自然界中有江河、湖泊、瀑布、溪流和涌泉等自然水体。构成水景的基本水流形态千姿百态，按其主题造景来分，水体设计中的水分为静水和动水两种基本形式，其中动水又分为流水、跌水、喷水、涌水等形式(表4-5)。静水一般包括湖泊、水池、水塘等；动水中的流水包括溪流、水坡、水道等，跌水包括瀑布、水帘、壁流、水墙等，喷水包括喷泉、涌泉等。当然，在水体设计中往往不止使用一种，可以以一种形式为主，其他形式为辅，也可以几种形式相结合。

表 4-5 水体造景分类

| 类型＼项次 | | 特征 | 形态 | 特点 |
|---|---|---|---|---|
| 静水 | | 水面开阔且基本不流动的水体 | 静止流 | 具有开阔而平静的水面 |
| | | | 紊流 | 具有开阔而波动的水面 |
| 动水 | 流水 | 沿水平方向流动的水 | 溪流 | 蜿蜒曲折的潺潺流水 |
| | | | 渠流 | 规整有序的水流 |
| | | | 漫流 | 四处漫溢的水流 |
| | | | 旋流 | 绕同心圆周流动的水流 |
| | 跌水 | 突然跌落的水流 | 叠流 | 落差不大的跌落水流 |
| | | | 瀑布 | 自落差较大的悬岩上飞流而下的水流 |
| | | | 水幕(水帘) | 自高处垂落的宽阔水膜 |
| | | | 壁流 | 附着陡壁流下的水流 |
| | | | 管流 | 自孔口或管嘴内流出的水流 |
| | 喷水 | 在水压作用下自特别喷头中喷出的水流 | 射流 | 自直流喷头中喷出的细长的透明水柱 |
| | | | 冰塔(雪松) | 自吸气喷头中喷出的白色形似宝塔(塔松)的水 |
| | | | 冰柱(雪柱) | 自吸气喷头中喷出的白色柱状水流 |
| | | | 水膜 | 自成膜喷头中喷出的透明膜状水流 |
| | | | 水雾 | 自成膜喷头中喷出的雾状水流 |
| | 涌水 | 自低处向上涌出的水流 | 涌泉 | 自水下涌出水面的水流 |
| | | | 珠泉 | 自水底涌出的串流 |

## 4.4.3 水体的常见造景方法

### 1. 以静水为主的水体造型

静止流的水面和紊流水可将周围景观映入水中形成倒影，丰富景观的层次感并形成朦胧美感(图 4-7、图 4-8)。

(1) 生态水池　生态水池既适于水下动植物的生长，又能美化环境，调节小气候，供人观赏。如在居住小区里的生态水池多饲养观赏鱼虫和习水性植物(如鱼草、芦苇、荷花、莲花等)，营造动物和植物互生互养的生态环境。水池的深度应根据饲养鱼的种类、数量和水草在水下生长的适宜深度而确定，一般在 0.3～1.5m。为了防止陆上动物的侵扰，池边平面与水面需保证有 0.15m 的高差。池壁与池底需平整以免伤鱼。池壁与池底以深色为佳。深度不足 0.3m 的浅水池，池底可做艺术处理，以显示水的清澈透明。池底与池畔宜设隔水层，池底隔水层上覆盖 0.3～0.5m 厚土，种植水草。

图4-7 某住宅小区花园中的静水景观

图4-8 某国际高尔夫山庄中的人工河道

（2）涉水池 涉水池可分水面下涉水和水面上涉水两种涉水方式(图4-9、图4-10)。水面下涉水主要用于儿童嬉水，其深度不得超过0.3m，池底必须进行防滑处理，不能种植苔藻类植物。水面上涉水主要用于跨越水面，应设置安全可靠的踏步平台和踏步石(汀步)，面积不小于0.4m×0.4m，并满足连续跨越的要求。上述两种涉水方式应设水质过滤装置，保持水的清洁，以防儿童误饮池水。

图 4-9 涉水池(一)

图 4-10 涉水池(二)

(3) 游泳池 游泳池水景以静水为主，营造一个让人在心理和体能上都放松的环境，同时突出人的参与性特征(图 4-11)。游泳池根据功能需要应尽可能分为儿童泳池和成人泳池，儿童泳池深度为 0.6 ~ 0.9m 为宜，成人泳池的深度为 1.2 ~ 2m。儿童泳池与成人泳池可统一考虑设计，一般将儿童池放在较高位置，水经阶梯式或斜坡式跌水流入成人泳池，既保证了安全又可丰富泳池的造型(图 4-12)。池岸必须作圆角处理，铺设软质渗水地面或防滑地砖。泳池周围宜多种植灌木和乔木，并提供休息和遮阳设施。

**2. 以流水为主的水体造型**

无论是稍大的规则式园林，还是较小的自然式庭园，溪流和水渠等流水景观都增强了

图 4-11　广州某小区内的游泳池

图 4-12　组合泳池造型

园内的装饰性和趣味性，加上植物的修饰，能使水体造型表现出多种多样的效果，形成“小桥流水人家”的动人画面(图4-13、图4-14)。

图4-13 日本东京都八王子市某居住区的流水景观

流水的形态应根据环境条件、水量、流速、水深、水面宽和所用材料进行合理的设计。流水分为可涉入式和不可涉入式两种。可涉入式流水的水深应小于0.3m，以防止儿童溺水，同时水底应做防滑处理，可供儿童嬉水的流水，应安装水循环和过滤装置。不可涉入式流水宜种养适应当地气候条件的水生动植物，增强观赏性和趣味性。

流水配以山石可充分展现其自然风格。

图4-14 杭州某小区内的流水景观

流水的坡度应根据地理条件及排水要求而定。普通流水的坡度宜为0.5%，急流处为3%左右，缓流处不超过1%。流水的宽度宜在1~2m，水深一般为0.3~1m左右，超过0.4m时，应在流水边采取防护措施(如石栏、木栏、矮墙等)。为了使场地环境景观在视觉上更为开阔，可适当增大宽度或使流水蜿蜒曲折。水岸宜采用散石和块石，并与水生或湿地植物的配置相结合，减少人工造景的痕迹。

### 3. 以跌水为主的水体造型

跌水是利用天然地形的断岩峭壁、台地陡坡或人工构筑的假面山形成陡崖梯级，造成水流层次跌落，形成瀑布或叠水等景观。跌水最终的形状和模式都是由所流经的物体的形状决定的，落水的速度和角度也是影响瀑布形式和声响效果的重要因素。

瀑布按其跌落形式分为滑落式、阶梯式、幕布式、丝带式等多种。还可模仿自然景观，采用天然石材或仿石材设置瀑布的背景和引导水的流向(如景石、分流石、承瀑石等)。考虑到观赏效果，不宜采用平整饰面的白色花岗石作为落水墙体。为了确保瀑布沿墙体、山体平稳滑落，应对落水口处的山石作卷边处理，或对墙面作坡面处理(图4-15)。

图4-15 瀑布

瀑布因其水量不同，会产生不同的视觉、听觉效果，因此，落水口的水流量和落水高差的控制成为设计的关键参数，靠近人活动范围的人工瀑布落差宜在1m以下。

跌水是呈阶梯式的多级跌落瀑布，其梯级宽高比宜在3:2～1:1之间，梯面宽度宜在0.3～1.0m之间(图4-16)。

### 4. 以喷水、涌水为主的水体造型

喷水是由压力水通过喷头喷出而形成喷泉，造型的自由度大，形态优美(图4-17)。

涌水是清澈的泉水自水下砾石中涌起而形成的涌泉(图4-18)。

图 4-16　跌水

图 4-17　喷泉

图4-18 涌泉

喷泉景观的分类和适用场所见表4-6。

**表4-6 喷泉景观的分类和适用场所**

| 名 称 | 主要特点 | 适用场所 |
| --- | --- | --- |
| 壁泉 | 由墙壁、石壁和玻璃板上喷出，顺流而下形成水帘和多股水流 | 广场、场地入口、景观墙、挡土墙、庭院 |
| 涌泉 | 水由下向上涌出，呈水柱状，高度0.6～0.8m左右，可独立设置也可组成图案 | 广场、场地入口、庭院、假山、水池 |
| 间歇泉 | 模拟自然界的地质现象 | 溪流、小径、泳池边、假山 |
| 旱地泉 | 将泉管道和喷头下沉到地面以下，喷水时水流落到广场硬质铺地上，沿地面坡度排出，平常可作为休闲广场 | 广场、场地入口 |
| 跳泉 | 射流非常光滑稳定，可以准确落在受水口中，在计算机控制下，生成可变长度和跳跃时间的水流 | 庭院、园路边、休闲场所 |
| 跳球喷泉 | 射流呈光滑的水球，水球的大小和间歇时间可控制 | 庭院、园路边、休闲场所 |
| 雾化喷泉 | 由多组微孔喷管组成，水流通过微孔喷出，看似雾状，多呈柱形和球形 | 庭院、广场、休闲场所 |
| 喷水盆 | 外观呈盆状，下有支柱，可分多级，出水系统简单，多为独立设置 | 园路边、庭院、休闲场所 |
| 小品喷泉 | 从雕塑伤口中的器具(罐、盆)和动物(鱼、龙等)口中出水，形象有趣 | 广场、雕塑、庭院 |

（续）

| 名　称 | 主要特点 | 适用场所 |
|---|---|---|
| 组合喷泉 | 具有一定规模，喷水形式多样、有层次、有气势，喷射高度高 | 广场、场地入口 |

喷泉和涌泉是完全靠设备制造出的动水景观，对水的射流控制是关键环节，采用不同的手法进行组合，会出现多姿多彩的变化形态。

水体设计中，为了突出水景的艺术性、趣味性及多样化，常将各种喷泉和涌泉水流形态进行综合搭配组合。例如在规模较大的城市广场，按设定程序依次喷水，配以彩灯变换，便可构成程控彩色喷泉。若再用音乐声响控制喷水的高低并变换角度，即构成彩色音乐喷泉景观，这种方式一般用于规模较大的城市广场(图4-19)。

图4-19　组合音乐喷泉

# 4.5　建筑场地的景观设施设计

## 4.5.1　场地景观设施概述

景观设施作为建筑场地景观环境的组成部分，往往对场地环境的质量起到关键作用。纵观国内外优秀的场地空间设计作品，景观设施的设计都是下了一番功夫的。景观设施通常有硬质与软质之分，如建筑室内外小品、传播设施、景观雕塑等由人工要素构成的设施属于硬质景观设施；具有自然属性的景观要素如绿化、水体属于软质景观设施。

景观设施种类多，类别全，设计艺术风格手法多样，大部分要求在功能上合宜适用，符合人体工程学要求。景观设施的设置应考虑周边环境、人群特点，结合总体设计构思的风格、功能要求，从整体出发，选择设计风格统一、形式协调、功能相宜的景观设施，营造舒适的场地空间。

景观设施的设置有如下要求：

1）从全局出发，兼顾个体。不仅在功能上要适宜互补，形式风格上也要统一。但应注意统一并非单一，总体可兼收并蓄，突出各设施的个性化特点，但要注意整体的协调。

2）场地中景观设施的种类和数量应根据使用人群的性质、数量和城市配套设施等具体情况酌情考虑，不宜过少，也要避免重复建设，造成不必要的浪费。

3）景观设施的功能性决定其存在的合理性。因此在设施的设置时要有选择性和大众性，服务类的设施应易于找到并方便到达，突出视觉和通行的便捷。总之，要为人的舒适性服务。

4）艺术性和文化性是景观设施本身价值提升的关键。不仅关系到自身的品质，而且直接关系到整个场地的景观品质。在设施本身与其他景观协调一致的基础上，要强调地域特色、突显文脉、彰显人文精神。

## 4.5.2 建筑小品

建筑小品作为建筑空间的附属设施，必须与所处的空间环境相协调，同时还应有其本身的个性。在建筑空间环境中，建筑小品除有其使用功能外，还应在视觉上传达一定的艺术象征作用，有些建筑小品甚至在空间环境中担当主导角色。建筑小品主要包括亭、棚、廊、架、柱、步行桥、围墙、大门、室内小品等，本节将主要介绍亭、廊、架的设计要点。

图4-20　花架

亭、廊、架不仅具有提供人休息、遮荫、避雨的功能，而且具有划分空间、联系空间的功能。花架除了具有亭、廊的功能外，还可供植物攀缘或悬挂（图4-20）。

亭通常是供人休息、遮荫、避雨的建筑，个别属于纪念性和标志性建筑。亭的形式、尺寸、色彩、题材等应与所在场地景观相适应、协调。亭的高度宜在2.4～3m，宽度宜在2.4～3.6m，立柱间距宜在3m左右。木制亭应选用经过防腐处理的耐久性强的木材（图4-21）。

图4-21　木制亭

廊以有顶盖为主，可分为单层廊、双层廊和多层廊。廊具有引导人流，引导视线，连接景观节点和供人休息的功能，其造型和长度也形成了自身有韵律感的连续景观效果。廊与景墙、花墙相结合增加了观赏价值和文化内涵。廊的宽度和高度设定应按人的尺度比例关系加以控制，避免过宽过高，一般高度宜在2.2～2.5m之间，宽度宜在1.8～2.5m之间。场地内建筑与建筑之间的连廊尺度控制必须与主体建筑相适应。

图4-22 柱廊

柱廊是以柱构成的廊式空间，既有开放性，又有限定性，能增加环境景观的层次感。柱廊一般无顶盖或在柱头上加设装饰构架，靠柱子的排列产生效果，柱间距较大，纵列间距4～6m为宜，横列间距6～8m为宜，柱廊多用于广场、场地主入口处（图4-22）。

## 4.5.3 雕塑

雕塑可与周围环境共同塑造出一个完整的视觉形象，同时赋予景观空间环境以生气为主题，通常以其小巧的格局、精美的造型来点缀空间，使空间诱人而富于意境，从而提高整体景观环境的艺术境界（图4-23）。

图4-23 雕塑

雕塑按使用功能分为纪念性、主题性、功能性与装饰性雕塑等。从表现形式上可分为具象和抽象，动态和静态雕塑等。

雕塑在布局上要注意与周围环境的关系，恰如其分地确定雕塑的材质、色彩、体量、题材、位置等，展示其整体美、协调美。应配合场地内建筑、道路、绿化及其他公共服务设施而设置，起到点缀、装饰和丰富景观的作用。特殊场合的中心广场或主要公共建筑场地，可考虑主题性或纪念性雕塑。

雕塑应具有时代感，以美化环境保护生态为主题，体现人文精神。

## 4.5.4 种植容器

种植容器是盛放各种观赏性植物的箱体，在景观设计中常见的种植容器有花盆、树池等。种植容器根据不同环境气氛的要求，设置手法丰富多样，在选材和体量上也均可有所不同。在开放的环境中，种植容器应采用抗损能力强的硬质材料，一般以砖砌或混凝土为主，有些较大的花池、树池底部可直接与自然松软地面接触而不需加箱底；在封闭的环境及室内花园或共享大厅内，种植容器则应采用小巧的陶瓷制品。

### 1. 花盆

花盆是景观设计中传统种植容器的一种形式，具有可移动性和可组合性，能巧妙地点缀环境，烘托气氛。花盆的尺寸应适合所栽种植物的生长特性，有利于根茎的发育，一般可按以下标准选择：花草类盆深20cm以上，灌木类盆深40cm以上，中木类盆深45cm以上(图4-24)。

图4-24 花盆

花盆用材应具备有一定的吸水保温能力，不易引起盆内过热和干燥。花盆可独立摆放，也可成套摆放，采用模数化设计能够使单体组合成整体，形成大花坛。

花盆用栽培土应具有保湿性、渗水性和蓄肥性，其上部可铺撒树皮屑作覆盖层，起到保湿装饰作用。

### 2. 树池、树池箅

树池是树木移植时根球(根钵)的所需空间，一般由树高、树径、根系的大小所决定。树池深度至少深于树根球以下250mm。

树池箅是树木根部的保护装置，它既可保护树木根部免受践踏，又便于雨水的渗透和步行人的安全。树池箅应选择能渗水的石材、卵石、砾石等天然材料，也可选择具有图案拼装的人工预制材料，如铸铁、混凝土、塑料等，这些护树面层宜做成格栅装，并能承受一般的车辆荷载(图4-25)。

## 4.5.5 景观照明

景观照明不同于街道广场的高照度路灯，一般用于庭院、绿地、花园、湖岸、宅门等位置，作为局部照明，并起装饰作用。功能上要求舒适宜人，照度不宜过高，白天是景观中的必要点缀，夜幕里又可产生柔和之光(图4-26)。

图 4-25　树池箅

图 4-26　景观照明

### 4.5.6　便民设施

便民设施是建筑场地景观设计中不可缺少的，包括座椅(具)、垃圾容器、公用电话亭等。

**1. 座椅**(具)

座椅(具)是场地内提供人们休息的不可缺少的设施，同时也可作为重要的装点景观进行设计。设计时应结合环境规划来考虑座椅的造型和色彩，力争简洁适用。

室外座椅(具)的设计应满足人体舒适度要求，选址还应注重人们的休息和观景需要。普通座面高 38～40cm，座面宽 40～45cm，标准长度为单人椅 60cm 左右，双人椅 120cm 左右，3 人椅 180cm 左右，靠背座椅的靠背倾角为 100°～110°为宜。

座椅(具)材料多为木材、石材、混凝土、陶瓷、金属、塑料等，应优先采用触感好的木材，木材应作防腐处理，座椅转角处应作磨边倒角处理。

**2. 垃圾容器**

垃圾容器包括垃圾箱、果皮桶(箱)等，是空间环境中不可缺少的卫生设施。垃圾容器的设置，要同人的日常生活、娱乐、消费等因素相联系，根据清除的次数和场所的规模以及人口密度而定。垃圾箱的造型应力求简洁，并考虑方便清扫。

**3. 公用电话亭**

公用电话亭是最常见的景观设施之一，在步行的环境中设置距离一般为100～200m，按其外形可分为封闭式与遮体式。封闭式电话亭具有良好的气候适应性和隔声效果，尺寸一般高为2～2.4m，深度80～140cm，采用铝、钢框架镶嵌钢化玻璃、有机玻璃等材料，设计注重通透简洁，富于现代感(图4-27)。遮体式电话亭外形小巧，使用便捷，但隔声、防护性较差(图4-28)。

图4-27 封闭式电话亭

图4-28 遮体式电话亭

## 4.5.7 环境标志

环境标志是场地设计中不可缺少的要素，是场地中信息传递的重要手段(图4-29)。环境标志在设计上要考虑以下几点：

1）信息标志的位置应醒目，且不对行人交通及景观环境造成妨碍。

2）标志的色彩、造型设计应充分考虑其所在区域建筑、景观环境以及自身功能的需要。

3）标志的用材应经久耐用、不易破损、方便维修。

4）各种标志应确定统一的格调和背景色调以突出环境形象。

### 4.5.8 围栏

围栏具有限入、防护、分界等多种功能，立面构造多为栅状、网状、透空和半透空等几种形式。围栏一般采用铁制、钢制、木制、铝合金制、竹制等。色彩的选取应以既不灰暗呆板，又不艳丽俗气为宜，白色是较理想的颜色。

图 4-29 环境标志

### 4.5.9 坡道

联系场地中不同高程的区域可采用坡道和台阶，两者所不同的是坡道具有连续性，特别是在考虑无障碍设计时。但坡道在设计时要受到适宜坡度的限制，对于同样的高差而言，坡道需要的长度要比台阶长得多。所以坡道在空间狭小之处不太适用。

坡道的坡度确定应符合以下要求：道路最大纵坡不应大于8%，园路不应大于4%；自行车专用道路最大纵坡应控制在5%以内；轮椅坡道一般为6%，最大不超过8.5%，并采用防滑路面；人行道纵坡不宜大于2.5%。

### 4.5.10 台阶

台阶在场地设计中起到不同高程之间的连接作用和引导视线的作用，可丰富空间的层次感，尤其是高差较大的台阶会形成不同的近景和远景景观。

台阶的踏步高度h和宽度b是决定台阶舒适性的主要参数，两者的关系如下：$2h+b=600mm$为宜，一般室外踏步高度设计为120～160mm，踏步宽度300～350mm。低于100mm的高差，不宜设置台阶，可以考虑做成坡道。

台阶长度超过3m或需改变攀登方向的地方，应在中间设置休息平台，平台宽度应大于1.2m，台阶坡度一般控制在1/4～1/7范围内，踏面应做防滑处理，并保持1%的排水坡度。

为了方便晚间人们行走，台阶附近应设照明装置，人员集中的场所可在台阶踏步上暗装地灯。

过水台阶和跌流台阶的阶高可依据水流效果确定，同时也要考虑儿童进入时的防滑处理。

## 4.6 建筑场地的地面铺装设计

地面铺装的设计是场地景观设计的重要内容之一。一般来说，场地的室外除去有植物覆盖的地面，均需要采用一定形式的地面铺装，比如广场、庭院、通道等。地面铺装为人的活动创造更合适的条件，不同形式的地面铺装能够标志不同区域的性质以及活动的区别，暗示空间的划分，有助于人分辨各区域的不同特点。地面铺装所采用的材料、尺寸以及铺砌组合成的图案会对空间的尺度及比例产生影响。铺装的色彩、质地、铺设形式也能创造视觉趣味，增强空间的个性(图4-30)。

图4-30 地面铺装

铺装的布置应有利于场地整体景观设计风格的统一。在一块场地中，铺装材料的选取不宜限于单调的几种，但变化也不宜过多，应有一种材料占主导地位以建立统一的基础，铺装图案也不宜过于繁琐复杂，以造成视觉的杂乱。不同使用要求及空间特性的区域，铺装的材料或形式最好有所变化，以方便人们识别；反之，在同一区域内地面的铺装材料和形式一般应保持一致。

根据不同的使用要求，地面铺装可使用多种材料，如卵石、砾石、石板、条石、陶瓷地砖、混凝土、沥青等。卵石、砾石、天然的散石常被用来铺砌庭院中的小路或用在内院、天井等比较亲切的环境中，以增加天然性和多变的趣味性。成型的石材、陶瓷地砖通常应用在环境质量要求较高的公共场合，比如广场。总的来说，不同的地面铺装材料具有不同的适用特点，设计时应根据其使用功能和景观要求综合考虑。

## 4.7 建筑场地景观设计实例分析

### 4.7.1 幼儿园场地景观设计

结合孩子的心理和生理特点，幼儿园在场地设计时应更注意景观设计。户外是孩子最向往的地方，户外景观设计应富于变化，平地、缓坡、土坑、阶梯、木屋、帐篷、迷宫树丛，每个角落都应充满趣味性。在这样的场地上游戏，可让孩子更亲密地接触大自然，更自然均衡地发展。

如图4-31～图4-33所示为国外某幼儿园庭院设计。图4-31为该幼儿园主体建筑外景；图4-32为该幼儿园庭院设计草图。如图4-33a所示，大树下的沙坑及沙坑旁的乌龟雕塑，加上边上的一排原木跳台，是孩子们停留时间最多的地方；如图4-33b所示，滑梯和杠杆等游戏设施既安全又美观；如图4-33c所示，树下的座凳高度要适合孩子的身高；如图4-33d所示，这是庭院一角的舞台，适合在庭院里举行集体活动时用来表演或演讲，舞台的台阶设计巧妙，可作为供孩子们平时跳级的平台；如图4-33e所示，墙身用木栅栏围起来，可以供孩子在活动时扶持，同时也美化了环境，与台阶形成对比。

图 4-31 主体建筑外景

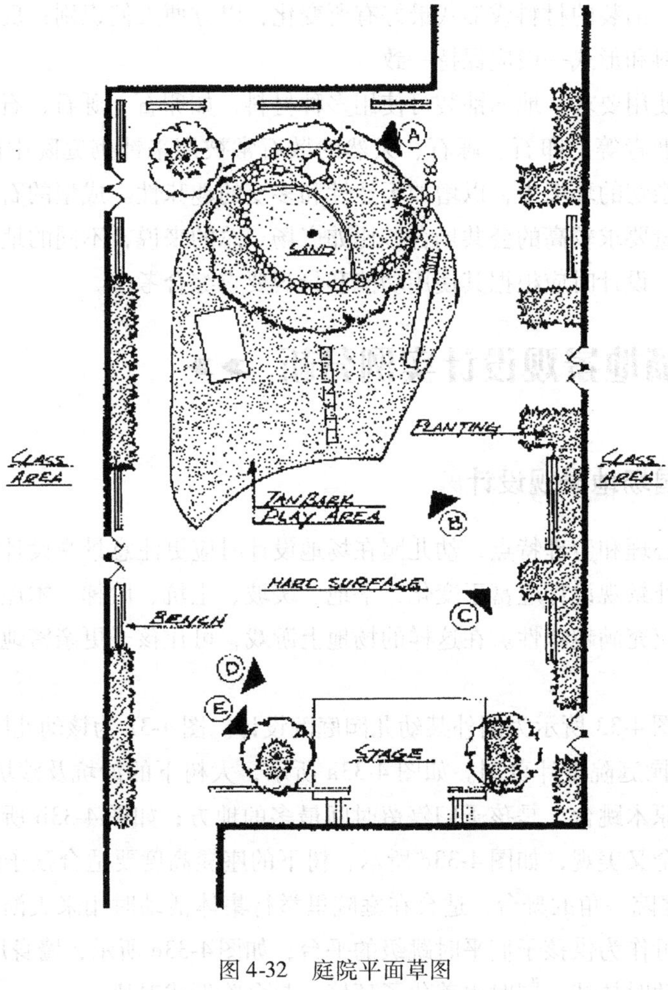


图 4-32 庭院平面草图

a)

b)

c)

d)

e)

图4-33　各景观节点

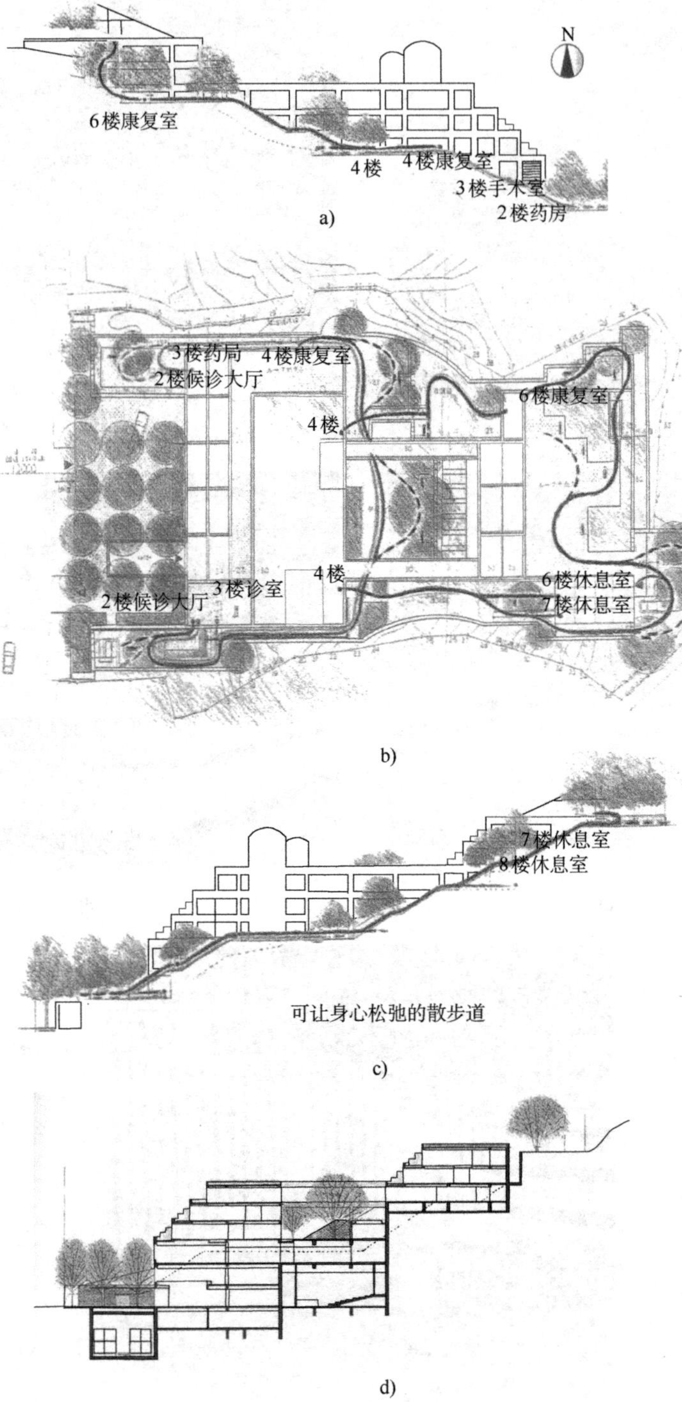


图4-34 场地景观设计图

a）北立面图 b）总平面图 c）南立面图 d）剖面图

## 4.7.2 疗养院场地景观设计

疗养院不同于医院的重要特点是它十分重视并有赖于景观的优势，绿化美化是疗养院景观的重要内容，也是对疗养院自然景观进行改造、改进和补充的重要条件。景观是现代疗养学的重要组成部分，它不仅是决定疗养院选址的重要条件，也是疗养院的重要疗养因子。从这个意义来说，所有疗养院都具有一个共同的疗养功能，就是“景观疗养”。

疗养院一般都具有优美的自然景观条件，但是作为疗养院内部建筑设计来说，仍然存在着景观设计问题，目的就是为了创造安静、舒适、幽美、清新的疗养环境。因此除了要选择理想的自然景观外，还必须根据场地的地形、院址大小、气候环境和各类建筑群布局进行设计。

疗养院景观设计的基本原则是：

① 根据气候环境条件种植适宜本地区生长的树木花草，其中长青树要达到40%以上。

② 种植的树木花草要有利于疗养员的健康疗养。

③ 要保证疗养院庭院内四季花香，注意花期搭配。

④ 要将各种树木花草合理布局成行、成片、成景状、成图形，可适当划分成若干有特色的小区，配以喷泉、池塘、假山、小桥、亭台等，切忌杂乱无章。

图4-34、图4-35所示为日本叶山心脏医疗中心的景观设计。该医疗中心占地面积2453.18$m^2$，总建筑面积1492.20$m^2$。如图4-35a所示，根据地形设置的台阶丰富了空间的纵深感；如图4-35b所示，铺着地砖的停车场以榉树作为其边界，形成功能化的围合性空

a)

图4-35　各景观节点

b)

c)

图 4-35 各景观节点(续)

d)

图4-35　各景观节点(续)

间；如图4-35c所示，带水池的庭院中设有树池、座椅等设施，建筑物由两条空中走廊连接；如图4-35d所示，空中花园中设置栗木长椅，可以提供小憩和谈心的私密空间。

## 本章小结

1. 建筑场地景观设计应坚持因地制宜原则、社会性原则、经济性原则、生态原则、地域性原则、历史性原则。

2. 地形地貌是场地景观设计最基本的条件和基础。

3. 建筑场地设计中植物造景的三大原则是：科学性、艺术性、经济性。

4. 建筑场地的水体设计包括静水水体造型和动水水体造型，其中动水又可分为流水、跌水、喷水和涌水四种形式。

5. 景观设施是建筑场地景观设计的重要组成部分，包括建筑小品、雕塑、种植容器、景观照明、便民设施、环境标志、围栏、坡道、台阶等设计要素。

6. 地面铺装有利于创造视觉的趣味性和空间个性，铺装的布置应有利于场地整体景观设计风格的统一。

# 第 5 章　建筑场地的管线综合

**学习目标**

通过对本章的学习，了解建筑场地管线综合的内容和分类、管线敷设的一般原则，掌握管线敷设间距和管线避让原则，并能解决简单的管线综合问题。

## 5.1　管线综合的内容和分类

### 5.1.1　管线综合的内容

管线综合，就是根据有关规范规定，综合解决各专业工程技术管线布置及其相互间的矛盾，从全面出发，使各种管线布置合理、经济，最后将各种管线统一布置在管线综合平面图上。

在场地分析设计中，建筑师对于管线综合的掌握，应能够协调安排各种工程管线的合理分布，需要适当地深入了解给水、排水、热水、电力、电信、燃气等各种管线方面的知识。

管线综合的主要内容包括：

1）确定工程管线在地下敷设时的排列顺序和工程管线间的最小水平净距、最小垂直净距。

2）确定工程管线在地下敷设时的最小覆土深度。

3）确定工程管线在架空敷设时管线及杆线的平面位置及周围建(构)筑物、道路、相邻工程管线间的最小水平净距和最小垂直净距。

管线综合的设计范围指从城市管线接入点至各个建筑物外墙之间。

### 5.1.2　城市工程管线分类

#### 1. 给水管

给水管是由水厂将水经加压后送至用户的管路。管材多采用涂塑镀锌钢管、球墨铸铁给水管及 PE 塑料给水管等，多为埋地敷设。生活用水和消防用水室外可合用一条管线。

当生产用水与生活用水水质不同时，应分设管道。

生活饮用水管网上的最小服务水头，一般按建筑层数确定：首层为 10m，二层为 12m，二层以上每增高一层增加 4m。

2. 排水管

排水管是将用户使用后的污、废水经管道排入污水处理设施的管路，多为埋地敷设的自流管道。排水管管材一般采用钢筋混凝土、双壁波纹管、加筋塑料排水管等。如管道埋深不能满足要求时，应做结构处理。

3. 热力管

热力管包括蒸汽管和热水管，是将锅炉生产的蒸汽及热水输送给用户的管道，为有压力管道。一般为钢管，均需设保温层。可以架空、直埋和管沟敷设。

4. 电力线

电力线是指将电能从发电厂或变电所输送到用户的线路。在生活区之外和工厂区之外的输电电压为 220kV、110kV 和 35kV；在工厂区内一般为 35kV、10kV 和 0.4kV。为了保证电力线的绝缘性能和人身安全，电力线四周必须有足够的安全距离。电力线有架空线和埋地电缆两种敷设方式。

5. 电信线路

电信线路一般指电话、广播、有线电视等线路。可用裸线、绝缘线或电缆。为了避免干扰，应尽可能远离电力线。

6. 燃气管

燃气管包括天然气管和煤气管。燃气管是燃气由城市分配站或调压站调整压力后，输送给用户的管道。敷设方式在生活区内一般是埋地，在厂区内也可考虑架空。

其他管线还有氧气管线、乙炔管线、压缩空气管线、输油管线、运送酸碱管线等。

## 5.1.3 管线敷设有关技术用语

管线敷设技术用语所指代位置如图 5-1 所示。

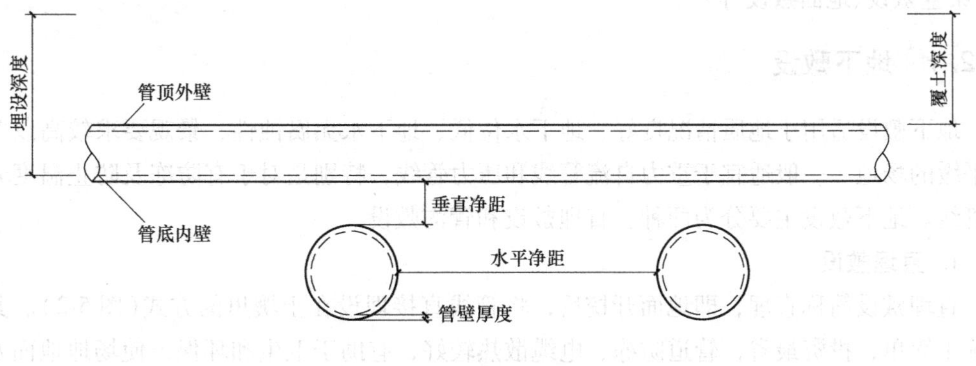


图 5-1 管线敷设技术用语示意图

1. 管线水平净距

水平方向敷设的相邻管线外表面之间的水平距离。

2. 管线垂直净距

两个管线上下交叉敷设时，从上面管线外壁最低点到下面管线外壁最高点之间的垂直距离。

3. 管线埋设深度

1）雨水管(或污水管)指从地面到管底内壁的距离，即地面标高减去管底标高。

2）热力管和燃气管指从地面到管道中心的距离。

4. 管线覆土深度

地面到管顶(外壁)的距离。

5. 冰冻线

土壤冰冻层的深度。各地冰冻深度因地理纬度及气候不同而不同，要了解当地冰冻深度，可查当地气象统计资料或《建筑设计资料集(第二版)1》。

6. 管线高度

从地面到地面管线和架空管线管底(外壁)的距离。

7. 压力管线

管道内的介质由外部施加压力使其流动的工程管线。如给水管、燃气管的管道等均为压力管线，管线可以弯曲。

8. 重力自流管线

利用介质向低处流动的重力作用特性而预先设置流动方向的工程管线，如污水管和雨水管。其特征是只要流动方向无阻挡，该介质依靠重力作用总往低处流动；若有阻挡，介质达到阻挡物高度，仍可流动。管道内介质可塑性强，任何管道形状均可适应，管线不能弯曲。

## 5.2 管线敷设的方式及原则

场地内管线的敷设方式主要有：地下敷设方式(直埋敷设和管沟敷设等)、地上敷设方式(架空敷设、地面敷设等)。

### 5.2.1 地下敷设

地下敷设适用于地质情况良好、地下水位低、地下水无腐蚀性、景观要求较高以及地形平缓的场地。一般适宜于重力自流管线和压力管线，特别是对于有防冻及防止温度升高的管线。地下敷设主要分为两种：直埋敷设和管沟敷设。

1. 直埋敷设

直埋敷设简称直埋，即地面开挖后，将管线直接埋设在土壤里的方式(图 5-2)。其敷设施工简单，投资最省，管道防冻、电缆散热较好，有助于卫生和环保，使场地地面及其上空环境整洁，便于形成良好的场地景观，因而，在一般场地中被广泛应用；但这种敷设方式路由不明显，增、改管线难度大，维修要开挖地面。直埋覆设适用于给水管、排水管、燃气管和电力电缆等的敷设，其形式有单管线、管组和多管同槽等三种。

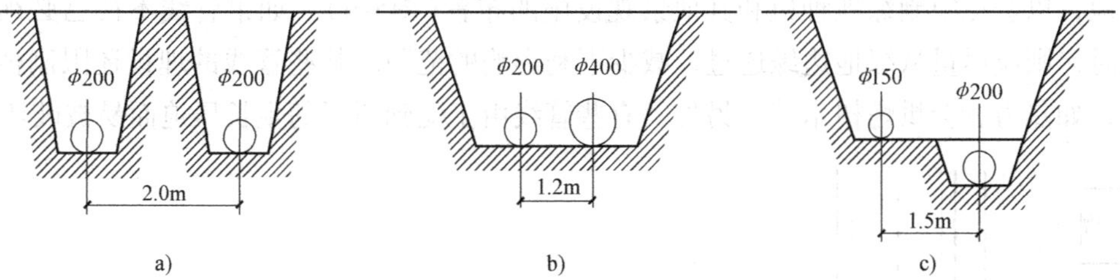


图 5-2　直埋敷设

a）一般单独挖沟埋设方式　b）给水管道与给水管道同沟埋设方式　c）排水管道与排水管道的埋设方式

直埋敷设的一般原则有：

1）地下管线的走向宜沿道路或与主体建筑平行布置，并力求线型顺直、短捷和适当集中，尽量减少转弯，并应使管线之间以及管线与道路之间尽量减少交叉(图 5-3)。

2）各种管线的敷设不应影响建筑物的安全，并且应防止管线受腐蚀、沉陷、振动、荷载等影响而损坏。

3）地下管线在道路下面的规划位置，应布置在人行道或非机动车道下方(图 5-4)。

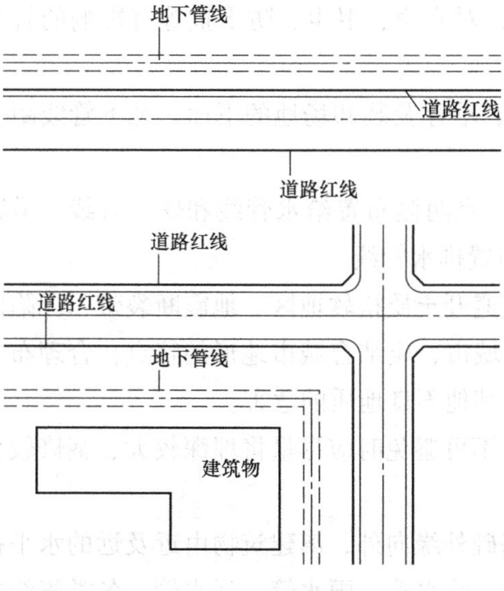


图 5-3　地下管线的走向

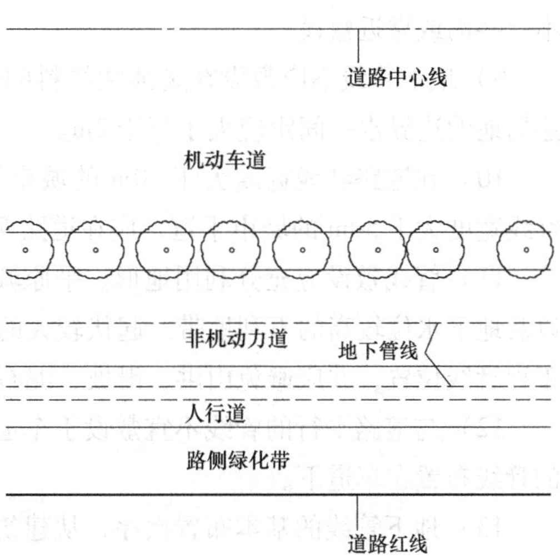


图 5-4　沿道路的地下管线的布置

特殊困难情况下，电信电缆、给水输水、燃气输气、污雨水排水等工程管线可布置在机动车道下方。

4）沿城市道路规划的工程管线应与道路中心线平行，其主干线应靠近分支管线多的一侧，工程管线不宜从道路一侧转到另一侧(图 5-5)。

5）沿铁路、公路敷设的工程管线应与铁路、公路线路平行。当工程管线与铁路、公路交叉时宜采用垂直交叉方式布置；受条件限制，可倾斜交叉布置，其最小交叉角宜大于 30°。

6）地下管道均可以敷设在绿化带内，但不宜在乔木下。

7）地下管线不宜横穿公共绿地和庭院绿地。应避免地下管线贯穿或斜穿场地中的成片绿地，以避免限制绿地种植和其他景观设施的布置(图5-6)。如果管线不得已必须穿越绿地时，则应尽量从绿地边缘通过，减少不利影响的范围。某些管线的埋设还限制植物的生长，如热力管会烘烤树木等。另外，有些管线由于受到树根的生长压迫而易被破坏。

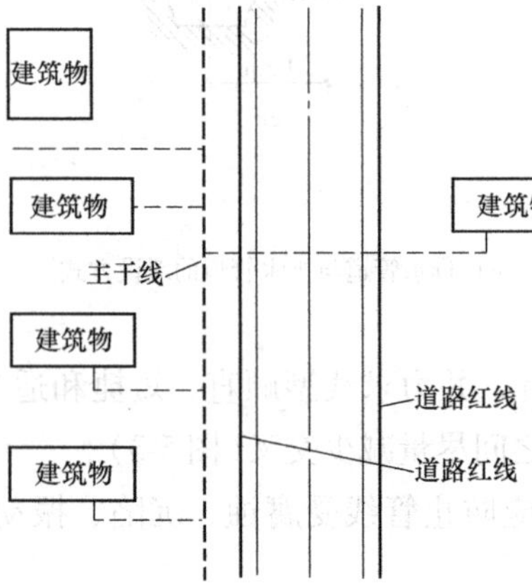


图 5-5 沿道路工程管线的主干线布置

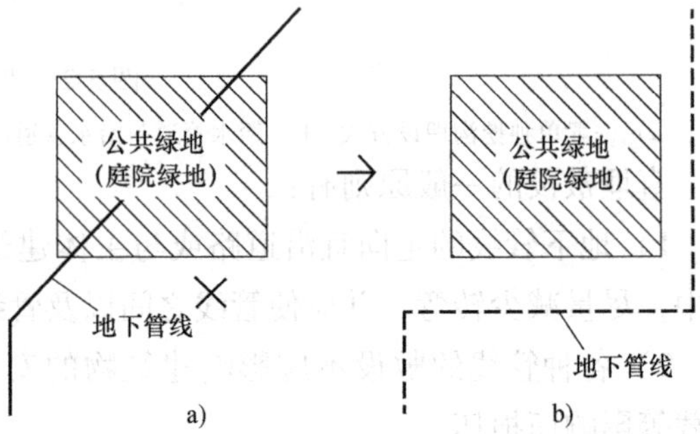


图 5-6 地下管线与公共绿地、庭院绿地的关系

8）管线应根据其不同特性和要求综合布置，对安全、卫生、防干扰等有影响的管线不应共沟或靠近敷设。

9）地下管线不应敷设在腐蚀性物料的包装、堆存及装卸场地的下面。地下管线距上述场地的边界水平间距应大于等于 2m。

10）在道路红线宽度大于 30m 的城市干道，宜两侧布置给水管线和燃气管线；道路红线宽度大于 50m 的城市干道，应在道路两侧布置排水管线。

11）管线敷设应充分利用地形。平原城市应避开土质松软地区、地震断裂带、沉陷区以及地下水位较高的不利地带。起伏较大的山区城市，应结合城市地形的特点，合理布置工程管线位置，并应避免山洪、滑坡、泥石流及其他不良地质的危害。

12）与道路平行的管线不宜敷设于车道下，不可避免时应尽量将埋深较大、翻修较少的管线布置在车道下。

13）地下管线的基本布置次序，从建筑物基础外缘向外，离建筑物由近及远的水平排序宜为：电力管线或电信管线、燃气管、热力管、给水管、雨水管、污水管。各类管线的垂直排序，由浅入深宜为：电信管线、热力管、小于 106kV 大于 10kV 的电力电缆、燃气管、给水管、雨水管、污水管。

**2. 管沟敷设**

管沟敷设也称综合管沟，即地面开挖后修建混凝土沟，将管线埋设在混凝土沟里的方式(图 5-7)。它可以保护管道不受外力和水的侵蚀，保护保温结构，并能自由地热胀冷缩，节约用地，维修方便，使用年限长；但基建投资大，工期较长，同时需妥善解决好通风、排水、防水、施工及安全等问题。其形式有不通行管沟、半通行管沟和通行管沟。不通行管沟一般在管线性质相同且根数不多时采用，可单层敷设，维修量不大，且断面较小，占地较少，耗材少，投资省，但维修不便，要维修就要开挖路面。半通行管沟的内部空间稍大一些，人员可弓身入内进行一般性检修，敷设的管道较多，不需开挖路面，但耗材较多，投资较贵。通行管沟的内部空间最大，人员可以在其中进行安装、检修等操作，敷设的管道数量最多，但耗材多，一次性投资大，建设周期长。

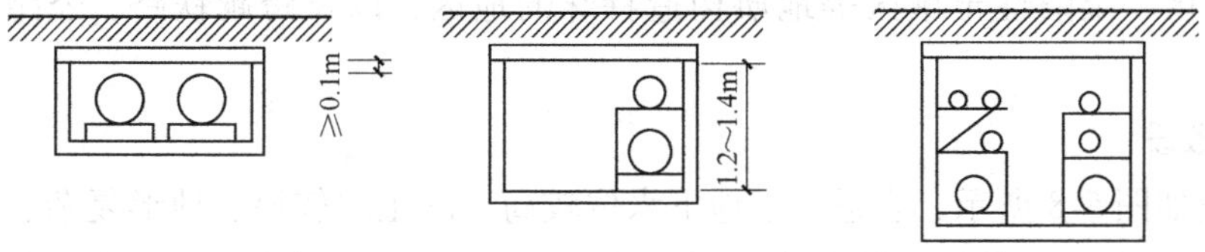


a)　　b)　　c)

图5-7　管沟敷设

a）不通行管沟　b）半通行管沟　c）通行管沟

（1）管沟敷设位置　当遇下列情况之一时，工程管线宜采用管沟敷设。

1）交通运输繁忙或工程管线设施较多的机动车道、城市主干道以及配合建设地下铁道、立体交叉桥等工程地段。

2）不宜开挖路面的路段。

3）广场或主要道路的交叉处。

4）需同时敷设两种以上工程管线及多回路电缆的道路。

5）道路与铁路或河流的交叉处。

6）道路宽度难以满足直埋敷设多种管线的路段。

（2）管沟敷设一般原则

1）综合管沟内宜敷设电信电缆管线、低压配电电缆管线、给水管线、热力管线、污雨水排水管线。

2）综合管沟内相互无干扰的工程管线可设置在管沟的同一个小室；相互有干扰的工程管线应分别设在管沟的不同小室。

3）电信管线与高压输电电缆管线必须分开设置。

4）给水管线与排水管线可在综合管沟一侧布置，排水管线应布置在综合管沟的底部。

5）当沟内有腐蚀性介质管道时，排水管道应位于其上方。腐蚀性介质管道的标高，应低于沟内其他管线。

6）热力管道不应与电力、通信电缆和物料压力管道共沟。火灾危险性属于甲、乙、丙类的液体、液化石油气、可燃气体、毒性气体和液体以及腐蚀性介质管道，不应共沟敷设，并严禁与消防水管共沟敷设。

7）燃气管道不宜与其他管道或电力电缆同沟敷设。

8）工程管线干线综合管沟的敷设，应设置在机动车道下面，其覆土深度应根据道路施工、行车荷载和综合管沟的结构强度以及当地的冰冻深度等因素综合确定；敷设工程管线支线的综合管沟，应设置在人行道或非机动车道下，其埋设深度应根据综合管沟的结构强度以及当地的冰冻深度等因素综合确定。

9）其他敷设原则参考上一节“直埋敷设”内容。

## 5.2.2 地上敷设

地上敷设较之地下敷设，其造价便宜、维修方便，一般多用于工业区、郊区、地下水位高、永久冻土区、湿陷性土壤区等地质构造特殊的地区，以及跨越铁路、公路、河流等地段。

### 1. 架空敷设

架空敷设如图5-8所示，它适用于地下水位较高、冻土层较厚、地形复杂、多雨潮湿以及地下水有腐蚀性的场地。根据支架的高度可划分为三种形式：低支架（支架高度为2.0～2.5m）、中支架（支架高度为2.5～3.0m）和高支架（支架高度为4.5～6.0m）。架空敷设较地下敷设建设费用低、工程量小，施工和检修、管理相对方便，但对景观不利，设计时应慎重选用。

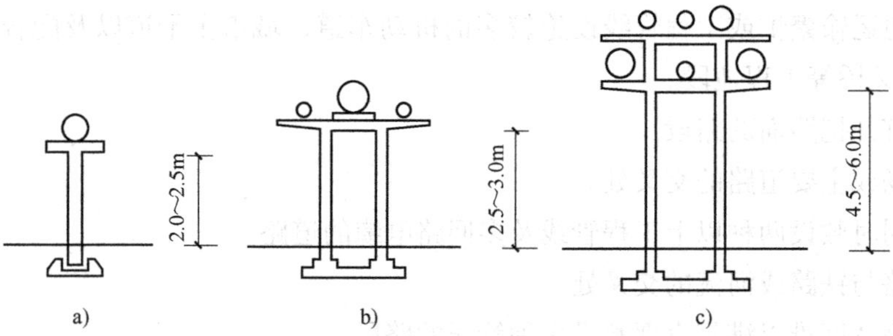


图5-8 架空管线
a）低支架 b）中支架 c）高支架

架空敷设的基本原则有：

1）沿城市道路架空敷设的工程管线，其位置应根据规划道路的横断面确定，管架的净空高度及基础位置，不得影响交通运输、消防、安全及检修。

2）架空线线杆宜设置在人行道上距路缘石小于1m的位置。有分车带的道路，架空线线杆宜布置在分车带内（图5-9）。

3）电力架空杆线与电信架空杆线宜分别架设在道路两侧，且与同类地下电缆位于同侧。

4）同一性质的工程管线宜合杆架设。

5）架空热力管线不应与架空输电线、电气化铁路的馈电线交叉敷设。当必须交叉时，应采取保护措施。

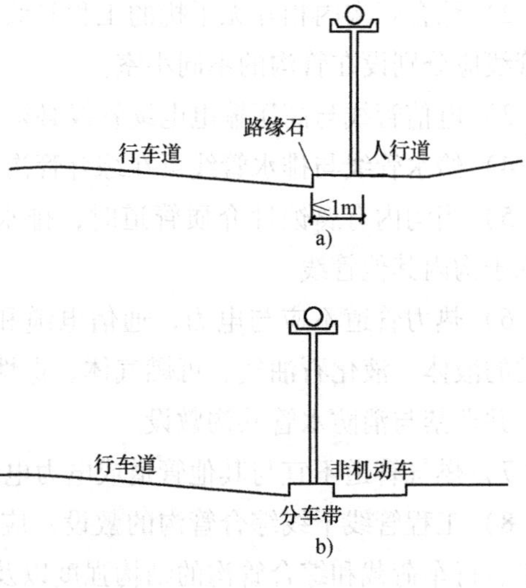


图5-9 沿城市道路的架空线线杆设置位置
a）架空线线杆宜设置在人行道上距路缘石小于1m的位置
b）有分车带的道路，架空线线杆宜布置在分车带内

6）工程管线跨越河流时，宜采用管道桥或利用交通桥梁进行架设。

可燃、易燃工程管线不宜利用交通桥梁跨越河流。工程管线利用桥梁跨越河流时，其规划设计应与桥梁设计相结合。

7）架空敷设的管线不应妨碍建筑物自然采光与通风。

8）敷设有火灾危险性属于甲、乙、丙类的液体、液化石油气和可燃气体等管道的管架，与火灾危险性大和腐蚀性强的生产、贮存、装卸设施以及有明火作业的设施，应保持一定的安全距离，并减少与铁路交叉。

**2. 地面敷设**

当人流、货运量少时，可根据地形采用地面敷设方式。地面敷设投资省，检修方便，施工快，在临时及简易工程中经常采用。但是煤气管道不宜采用地面敷设方式，应为地下敷设方式。不同地段的地面敷设可采用不同的方法（图5-10）。在填方地段可以采用管堤方式；在挖方地段可以采用管堑方式；在岩石地段可以采用培土敷设；在山坡地段可以采用沿坡架设。

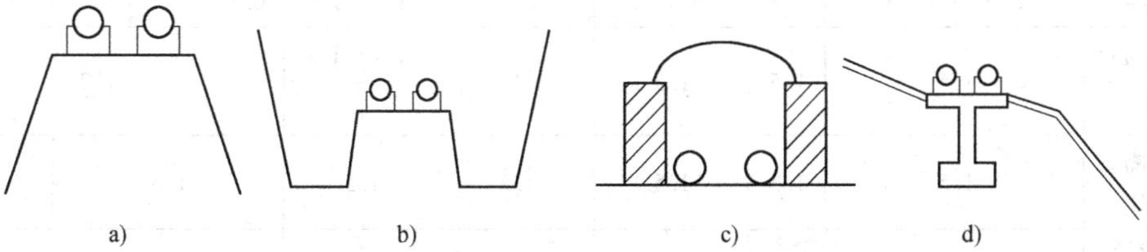


图5-10　不同地段管线地面敷设采用的不同方法

a）管堤方式　b）管堑方式　c）培土敷设　d）沿坡架设

# 5.3　管线布置间距

## 5.3.1　地下管线与建筑物之间的间距

埋深大于建(构)筑物基础的工程管线，如果距基础太近，处于基础引起的土体滑动范围内，很容易会对工程管线造成破坏，同时也会对建(构)筑物基础的受力产生影响，所以应尽量避免使工程管线处于地基剪切的范围内。

埋深大于建(构)筑物基础的工程管线，其与建(构)筑物之间的最小水平距离，除了满足工程管线与建(构)筑物之间的最小水平净距外，还要计算出考虑土壤内摩擦角因素的水平净距，并同时要求满足该计算数值(图5-11)。

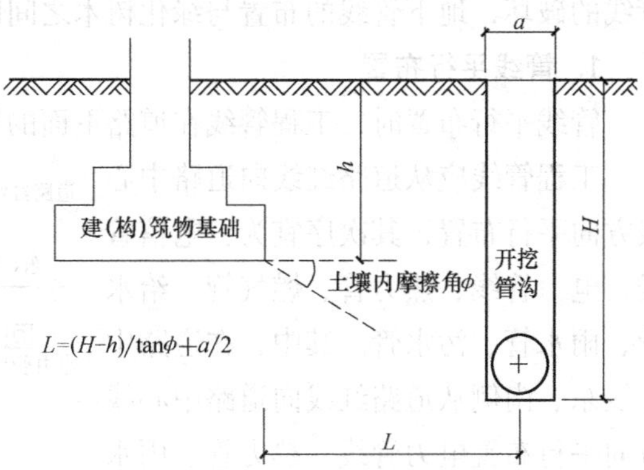


图5-11　土壤内摩擦角与水平净距

土壤内摩擦力是土体抗剪强度的两个力学指标之一，与土粒大小、土粒之间的咬合程度以及法向正应力的大小有关。土壤内摩擦角，可以简明地理解为摩擦滑动面边线与水平面的夹角。

工程管线与建(构)筑物之间的最小水平距离计算公式为：

$$L=(H-h)/\tan\phi+\alpha/2$$

式中 $L$——管线中心至建(构)筑物基础边的水平距离；

$H$——管线敷设深度；

$h$——建(构)物基础底砌置深度；

$\alpha$——开挖管沟宽度；

$\phi$——土壤内摩擦角。

工程管线与建(构)筑物之间的最小水平净距见表 5-1。

**表 5-1 工程管线与建(构)筑物之间的最小水平净距** (单位:m)

<table>
<tr><th rowspan="2"></th><th colspan="2">给 水 管</th><th rowspan="2">排水管</th><th colspan="2">热力管</th><th colspan="2">电力管线</th><th colspan="2">电信管线</th><th colspan="5">燃 气 管</th></tr>
<tr><th>d≤200mm</th><th>d>200mm</th><th>直埋</th><th>管沟</th><th>直埋</th><th>管沟</th><th>直埋</th><th>管沟</th><th>A</th><th>B</th><th>C</th><th>D</th><th>E</th></tr>
<tr><td>建筑物</td><td>1</td><td>3</td><td>2.5</td><td>2.5</td><td>0.5</td><td colspan="2">0.5</td><td>1</td><td>1.5</td><td>0.7</td><td>1.5</td><td>2</td><td>4</td><td>6</td></tr>
<tr><td>乔木(中心)</td><td colspan="2" rowspan="2">1.5</td><td rowspan="2">1.5</td><td colspan="2" rowspan="2">1.5</td><td colspan="2" rowspan="2">1</td><td>1</td><td>1.5</td><td colspan="5" rowspan="2">1.2</td></tr>
<tr><td>灌木</td><td colspan="2">1</td></tr>
<tr><td>道路侧石边缘</td><td colspan="2">1.5</td><td>1.5</td><td colspan="2">1.5</td><td colspan="2">1.5</td><td colspan="2">1.5</td><td colspan="3">1.5</td><td colspan="2">2.5</td></tr>
<tr><td>铁路钢轨(或坡脚)</td><td colspan="2">5</td><td>5</td><td colspan="2">1</td><td colspan="2">3</td><td colspan="2">2</td><td colspan="5">5</td></tr>
</table>

注：煤气管中，A 为 $P\leqslant 0.05$MPa；B 为 $0.05\text{MPa}<P\leqslant 0.2$MPa；C 为 $0.2\text{MPa}<P\leqslant 0.4$MPa；D 为 $0.4\text{MPa}<P\leqslant 0.8$MPa；E 为 $0.8\text{MPa}<P\leqslant 1.6$MPa。

## 5.3.2 地下管线敷设间距

各类管线应根据不同的特性和设置要求综合布置，为避免相互之间的干扰，管线与管线应保证一定间距。为避免地下管线对场地中树木生长的不利影响，同时也为避免树根对管线的破坏，地下管线的布置与绿化树木之间同样须保证一定的安全距离。

### 1. 管线平行布置

管线平行布置时，工程管线在道路下面的规划位置如图 5-12 所示。

工程管线应从道路红线向道路中心线方向平行布置，其次序宜为：电信管线、电力管线、热力管、燃气管、给水管、雨水管、污水管。其中，在道路中心线东、南侧从道路红线向道路中心线方向平行布置电力管线、热力管、雨水管；在道路中心线西、北侧从道路红线

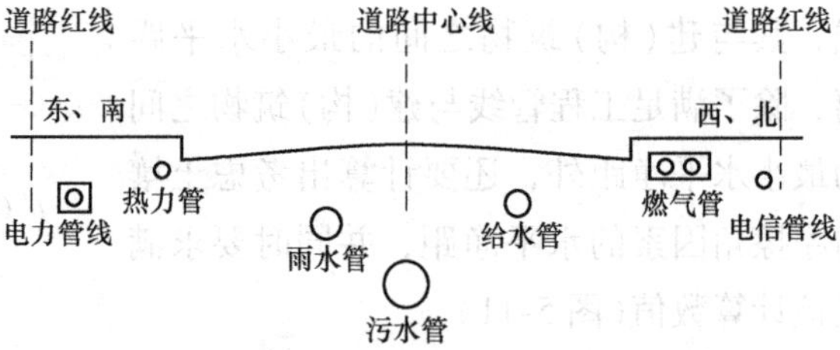

图 5-12 工程管线在道路下面的规划位置

向道路中心线方向平行布置电信管线、燃气管、给水管。

工程管线在庭院内建筑基础边缘周围的规划位置如图 5-13 所示。

工程管线在庭院内建筑周围规划位置时，应由建筑向外方向平行布置，次序宜为：电力管线、电信管线、污水管、给水管、燃气管、热力管。

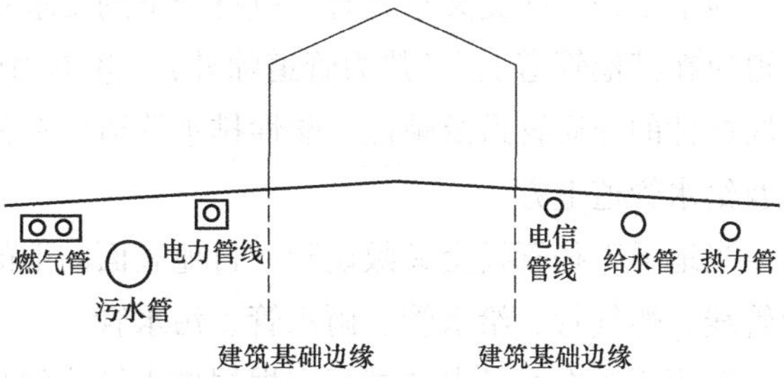


图 5-13 工程管线在庭院内建筑线周围的规划位置

当燃气管线可在建筑物两侧中任一侧引入，均满足要求时，燃气管线应布置在管线较少的一侧。

工程管线的最小水平净距应考虑不影响建筑物安全和防止管线受腐蚀、沉陷、震动及重压。

工程管线相互之间的最小水平净距要求见表 5-2。

**表 5-2 工程管线之间的最小水平净距** （单位：m）

<table>
<tr><th rowspan="2" colspan="2"></th><th colspan="2">给 水 管</th><th rowspan="2">排水管</th><th colspan="2">热力管</th><th colspan="2">电力管线</th><th colspan="2">电信管线</th><th colspan="5">燃 气 管</th></tr>
<tr><th>$d \leqslant 200$mm</th><th>$d > 200$mm</th><th>直埋</th><th>管沟</th><th>直埋</th><th>管沟</th><th>直埋</th><th>管沟</th><th>A</th><th>B</th><th>C</th><th>D</th><th>E</th></tr>
<tr><td rowspan="2">给水管</td><td>$d \leqslant$ 200mm</td><td rowspan="2" colspan="2"></td><td>1</td><td rowspan="2" colspan="2">1.5</td><td rowspan="2" colspan="2">0.5</td><td rowspan="2" colspan="2">1</td><td rowspan="2" colspan="3">0.5</td><td rowspan="2">1</td><td rowspan="2">1.5</td></tr>
<tr><td>$d >$ 200mm</td><td>1.5</td></tr>
<tr><td colspan="2">排水管</td><td>1</td><td>1.5</td><td></td><td colspan="2">1.5</td><td colspan="2">0.5</td><td colspan="2">1</td><td>1</td><td colspan="2">1.2</td><td>1.5</td><td>2</td></tr>
<tr><td rowspan="2">热力管</td><td>直埋</td><td rowspan="2" colspan="2">1.5</td><td rowspan="2">1.5</td><td rowspan="2" colspan="2"></td><td rowspan="2" colspan="2">2</td><td rowspan="2" colspan="2">1</td><td rowspan="2">1</td><td colspan="2">1</td><td>1.5</td><td>2</td></tr>
<tr><td>管沟</td><td colspan="2">1.5</td><td>2</td><td>4</td></tr>
<tr><td rowspan="2">电力管线</td><td>直埋</td><td rowspan="2" colspan="2">0.5</td><td rowspan="2">0.5</td><td rowspan="2" colspan="2">2</td><td rowspan="2" colspan="2"></td><td rowspan="2" colspan="2">0.5</td><td rowspan="2">0.5</td><td rowspan="2" colspan="2">0.5</td><td rowspan="2">1</td><td rowspan="2">1.5</td></tr>
<tr><td>管沟</td></tr>
<tr><td rowspan="2">电信管线</td><td>直埋</td><td rowspan="2" colspan="2">1</td><td rowspan="2">1</td><td rowspan="2" colspan="2">1</td><td rowspan="2" colspan="2">0.5</td><td rowspan="2" colspan="2">1</td><td colspan="3">0.5</td><td rowspan="2">1</td><td rowspan="2">1.5</td></tr>
<tr><td>管沟</td><td colspan="3">1</td></tr>
<tr><td rowspan="5">燃气管</td><td>A</td><td rowspan="3" colspan="2">0.5</td><td>1</td><td colspan="2">1</td><td colspan="2">0.5</td><td rowspan="3">0.5</td><td rowspan="3">1</td><td rowspan="5" colspan="5">0.4</td></tr>
<tr><td>B</td><td rowspan="2">1.2</td><td rowspan="2">1</td><td rowspan="2">1.5</td><td rowspan="2" colspan="2">0.5</td></tr>
<tr><td>C</td></tr>
<tr><td>D</td><td colspan="2">1</td><td>1.5</td><td>1.5</td><td>2</td><td colspan="2">1</td><td colspan="2">1</td></tr>
<tr><td>E</td><td colspan="2">1.5</td><td>2</td><td>2</td><td>4</td><td colspan="2">1.5</td><td colspan="2">1.5</td></tr>
</table>

注：煤气管中，A 为 $P \leqslant 0.05$MPa；B 为 0.05MPa $< P \leqslant 0.2$MPa；C 为 0.2MPa $< P \leqslant 0.4$MPa；D 为 0.4MPa $< P \leqslant$ 0.8MPa；E 为 0.8MPa $< P \leqslant 1.6$MPa。

### 2. 管线交叉布置

地下工程管线交叉布置的基本要求是：各种工程管线不应在垂直方向上重叠直埋敷设。

地下工程管线交叉布置时，应符合下列要求：①给水管道应在排水管道上方；②煤气管道应在其他管道上方(热力管道除外)；③电力管道应在热力管道下方、其他管道上方；④腐蚀性的介质管道及碱性、酸性排水管道应在其他管线下方；⑤热力管应在可燃气体管道及给水管道上方。

当地下工程管线交叉敷设时，自地表面向下的排列顺序宜为：电信管线、热力管、电力管线、燃气管、给水管、雨水管、污水管。

工程管线在交叉点的高程应根据排水管线的高程确定。

工程管线交叉时的最小垂直距离有一定的限制，见表5-3。

**表5-3 工程管线交叉时的最小垂直净距** (单位:m)

| | | 给水管 | 排水管 | 热力管 | 电力管线 | | 电信管线 | | 燃气管 |
|---|---|---|---|---|---|---|---|---|---|
| | | | | | 直埋 | 管沟 | 直埋 | 管沟 | |
| 给水管 | | 0.15 | | | | | | | |
| 排水管 | | 0.4 | 0.15 | | | | | | |
| 热力管 | | 0.15 | | | | | | | |
| 电力管线 | 直埋 | 0.15 | 0.5 | | | | | | |
| | 管沟 | | | | | | | | |
| 电信管线 | 直埋 | 0.5 | 0.5 | 0.15 | 0.5 | | 0.5 | | |
| | 管沟 | 0.15 | 0.15 | | | | | | |
| 燃气管 | | 0.15 | | | 0.5 | 0.15 | 0.5 | 0.15 | |
| 沟渠(基础底) | | 0.5 | | | | | | | |
| 涵洞(基础底) | | 0.15 | | | 0.5 | | 0.2 | 0.25 | 0.15 |
| 电车(轨底) | | 1 | | | | | | | |
| 铁路(轨底) | | 1 | 1.2 | | 1 | | | | 1.2 |

注：大于35kV直埋电力电缆与热力管线最小垂直净距应为1m。

在覆土深度方面，严寒或寒冷地区给水、排水、燃气等工程管线，应根据土壤冻结深度确定管线覆土深度；热力、电信、电力电缆等工程管线以及寒冷地区以外地区的工程管线，应根据土壤性质和地面承受荷载的大小确定管线的覆土深度(表5-4)。

**表5-4 工程管线的最小覆土深度** (单位:m)

| | 电力管 | | 电锌管 | | 热力管 | | 燃气管 | 给水管 | 雨水管 | 污水管 |
|---|---|---|---|---|---|---|---|---|---|---|
| | 直埋 | 管沟 | 直埋 | 管沟 | 直埋 | 管沟 | | | | |
| 人行道下 | 0.5 | 0.4 | 0.7 | 0.4 | 0.5 | 0.2 | 0.6 | | | |
| 车行道下 | 0.7 | 0.5 | 0.8 | 0.7 | 0.7 | 0.2 | 0.8 | 0.7 | | |

注：在严寒或寒冷地区，同时要求给水管在冰冻线0.2m以下，污水管(管径≤350mm)在冰冻线0.3m以下，污水管(管径≥400mm)在冰冻线0.5m以下，燃气管在冰冻下以下。10kV以上直埋电力电缆管线的覆土深度应≥1m。

### 5.3.2 架空敷设线路最小净距

架空管线之间及其与建(构)筑物之间的最小水平净距要求见表5-5。

表5-5 架空管线之间及其与建(构)筑物之间的最小净距 (单位:m)

| | | 建筑物(凸出部分) | 道路(路缘石) | 铁路(轨道中心) | 热力管线 |
|---|---|---|---|---|---|
| 电力 | 10kV边导线 | 2 | 0.5 | 杆加高3 | 2 |
| | 35kV边导线 | 3 | 0.5 | 杆加高3 | 4 |
| | 110kV边导线 | 4 | 0.5 | 杆加高3 | 4 |
| 电信杆线 | | 2 | 0.5 | 3/4杆高 | 1.5 |
| 热力管线 | | 1 | 1.5 | 3 | |

架空管线之间及其与建(构)筑物之间交叉时的最小垂直净距要求见表5-6。

表5-6 架空管线之间及其与建(构)筑物交叉时的最小垂直净距 (单位:m)

| | | 建筑物(顶端) | 道路(地面) | 铁路(轨顶) | 电信线 | | 热力管线 |
|---|---|---|---|---|---|---|---|
| | | | | | 电力线有防雷装置 | 电力线无防雷装置 | |
| 电力管线 | ≤10kV | 3 | 7 | 7.5 | 2 | 4 | 2 |
| | 35~110kV | 4 | 7 | 7.5 | 3 | 5 | 3 |
| 电信杆线 | | 1.5 | 4.5 | 7 | 0.6 | 0.6 | 1 |
| 热力杆线 | | 0.6 | 4.5 | 6 | 1 | 1 | 0.25 |

注：横跨道路或与无轨电车电线平行的架空电力线距地面应大于9m。

## 5.4 管线综合的避让原则

### 5.4.1 管线布置避让原则

当管线布置发生矛盾时应遵循以下的原则：临时管线避让永久管线，小管线避让大管线，压力管线避让重力自流管线，可弯曲管线避让不可弯曲的管线，施工量小的管线避让施工量大的管线。

为了减少电力电缆，尤其是高、中压电力电缆对电信信号的干扰，电力电缆与电信管、缆宜远离，一般原则是将电力电缆布置在道路的东侧或南侧，电信管、缆布置在道路的西侧或北侧。这样既可简化管线综合方案，又能减少管线交叉的相互冲突。

地下管线一般应避免横贯或斜穿场地中的成片绿地，以避免限制绿地种植和其他景园设施的布置。某些管线的埋设还会影响植物的生长，比如暖气管会烘烤树木等。另一方面，树根的生长往往又会使有些管线受压迫而产生破裂。如果因条件所限，管线必须穿越绿地时，则应尽量从边缘通过，减少不利影响的范围。

### 5.4.2 管线竖向位置避让原则

城市工程管线一般有给水管道、排水管道、燃气管道、供热管道、电力电缆、通信电缆等。其中，给水、燃气、热力管道是有压力的，排水管道是无压力自流的。工程管线竖向位置发生矛盾时应遵循以下基本原则：

1）压力管线让重力自流管线。

2）可弯曲管线让不易弯曲管线。

3）分支管线让主干管线。

4）临时性管线让永久性管线。

5）新设计管线让原有管线。

6）施工量小的管线让施工量大的管线。

7）检修次数少的、方便的管线让检修次数多的、不方便的管线。

### 5.4.3 管线交叉避让原则

在管线综合的设计中，当管线的布置出现交叉的情况时，应按以下原则来处理：

燃气管道应位于其他管道上方，给水管应在污水管道上方，电力电缆应在热力管和电信电缆的下方，并在其他管线的上方。

当地下管线重叠时应将须经常检修的、管径小的放在上方，将有污染的放在下方。

## 本章小结

1. 管线敷设方式主要有：地下敷设（直埋敷设和管沟敷设），地上敷设（架空敷设和地面敷设）。

2. 直埋敷设和管沟敷设应遵循其敷设一般原则；地上敷设应遵循其敷设一般原则。

3. 埋深大于建（构）筑物基础的工程管线，其与建（构）筑物之间的最小水平距离，除满足工程管线与建（构）筑物之间的最小水平净距外，还要计算出考虑土壤内摩擦角因素的水平净距，并同时要求满足该计算数值。

4. 地下管线平行布置时，管线间的最小水平净距和最小垂直净距应满足一定要求；地下管线交叉布置时，其最小垂直净距应满足一定要求；架空敷设时，管线与建（构）筑物之间的最小水平净距、最小垂直净距应满足一定要求。

5. 当管线布置发生矛盾时应遵循一定的避让原则，如管线的竖向位置避让原则，管线交叉避让原则。

# 第 6 章 建筑场地设计实训练习与分析

**学习目标**

通过对本章的设计实务训练，进一步巩固建筑场地设计的理论知识，并提高将理论知识应用于实践、解决具体问题的能力。

## 6.1 场地分析实训

### 6.1.1 场地分析实训一

**1. 设计条件**

图 6-1 所示为私人出售的地产，卖方还拥有该地块东面的地产。卖方对出售的地产在使用方面要求买方不得在共同的用地界线 15.5m 以内建造房屋，并有下列限制：

1）前院后退：17.0m。

2）边院后退：12.5m。

3）后院后退：15.5m。

4）公用设施用地宽度：19.6m。

在上述后退距离及公用设施用地地段内不得修建建筑物。停车场可设在所有用地界线的 6.5m 以内。

**2. 任务要求**

在图 6-1 所示的平面图内有如下作图要求：

1）用虚线画出所有的控制线，并表明该线的不同性质及尺寸。

2）用实线画出并表明可作为停车场的用地控制线，可不标注尺寸。

3）用方格网线画出最大可建用地范围。

参考答案：

按作图要求完成的场地分析图如图 6-2 所示。

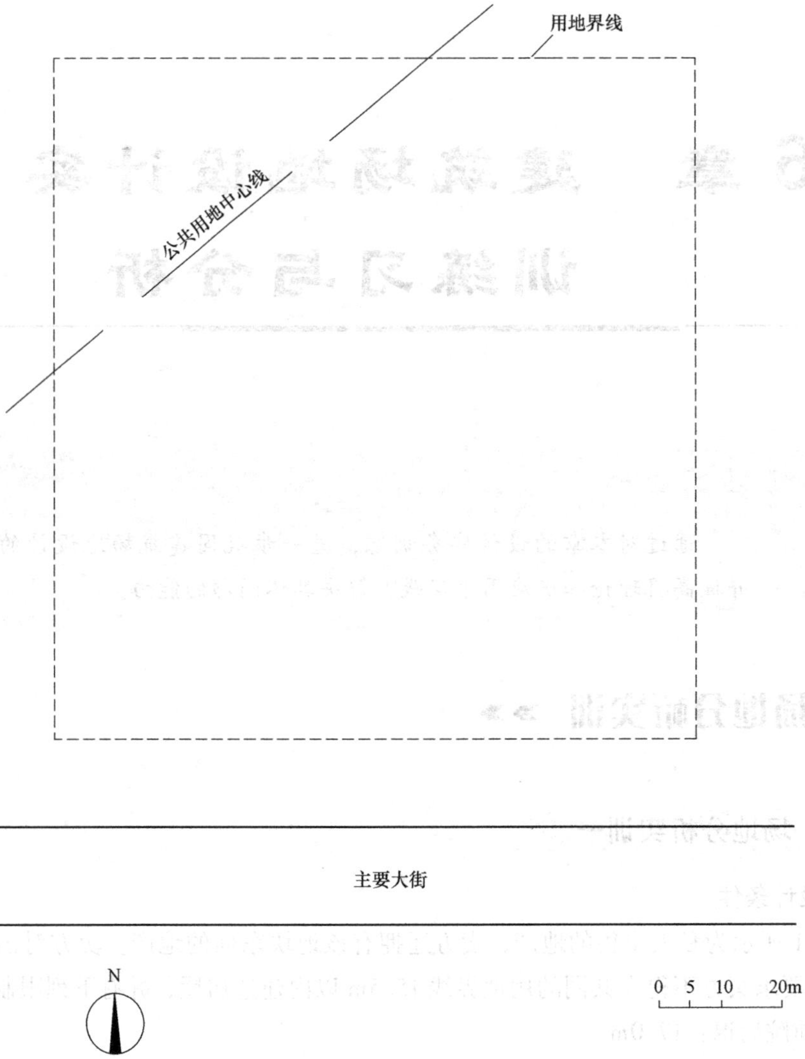


图 6-1 场地平面图

## 6.1.2 场地分析实训二

### 1. 设计条件

某场地南侧为33m高的板式高层住宅，北侧为24m高的办公楼(建筑耐火等级均为二级)，二者间距为60m，如图6-3a所示。当地的日照间距系数为1.5。

### 2. 任务要求

在上述两栋建筑之间的用地内，布置剖面内容和尺寸如图6-3b所示的新建筑一座(建筑耐火等级为二级)，并要求绘出与南侧住宅距离最近和最远两种可能情况。

考核点：

1) 日照间距系数。

2) 建筑物防火间距。

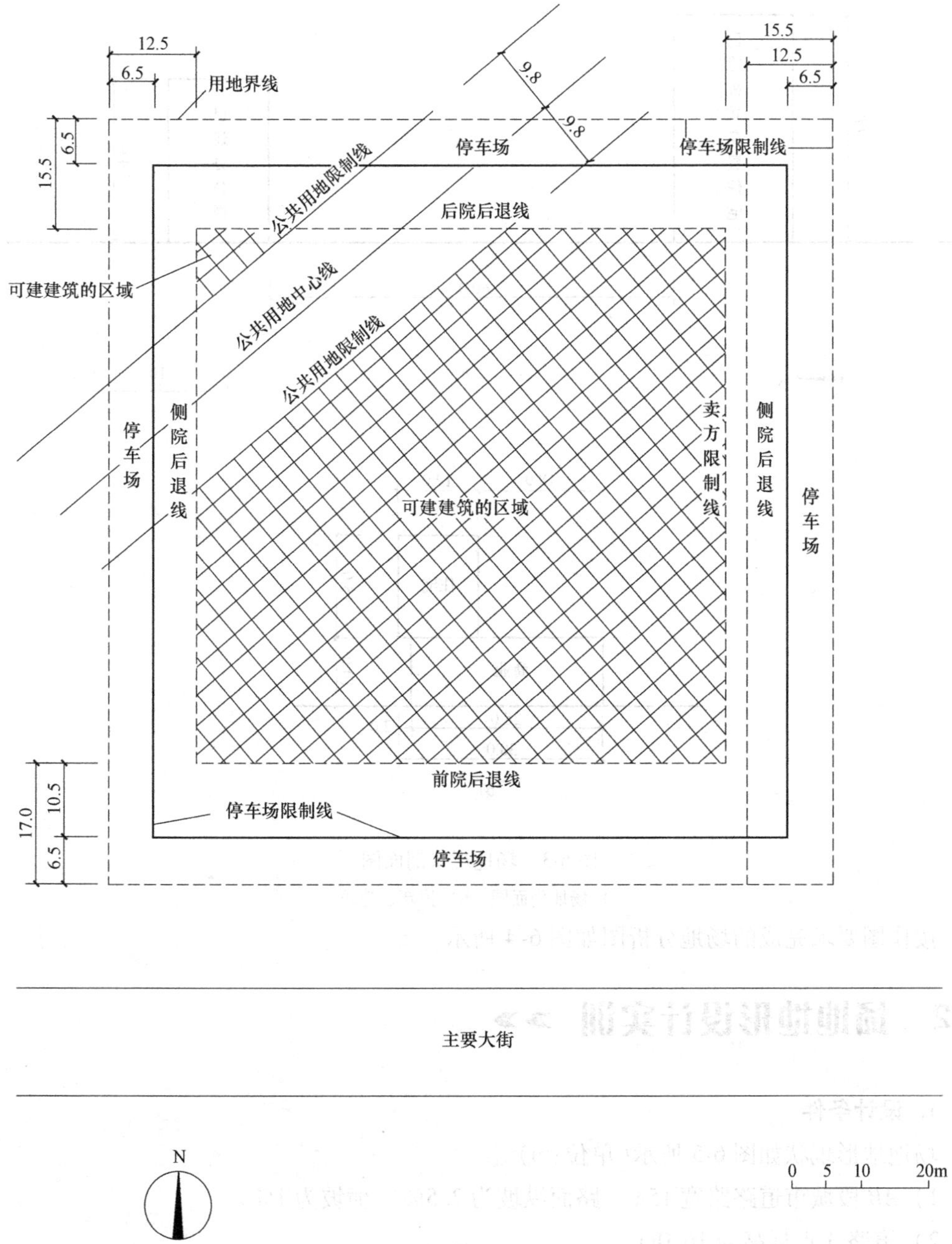


图6-2　场地平面分析图

提示：

1）新建筑与南侧住宅距离最近时，两住宅间的距离应为当地日照间距的最小值。此值大于二者的最小防火间距9m(见《高层民用建筑设计防火规范》第4.2.1条)。

2）新建筑与南侧住宅距离最远时，其与北侧办公楼的距离应为二者的最小防火间距9m(见《高层民用建筑设计防火规范》第4.2.1条)。

参考答案：

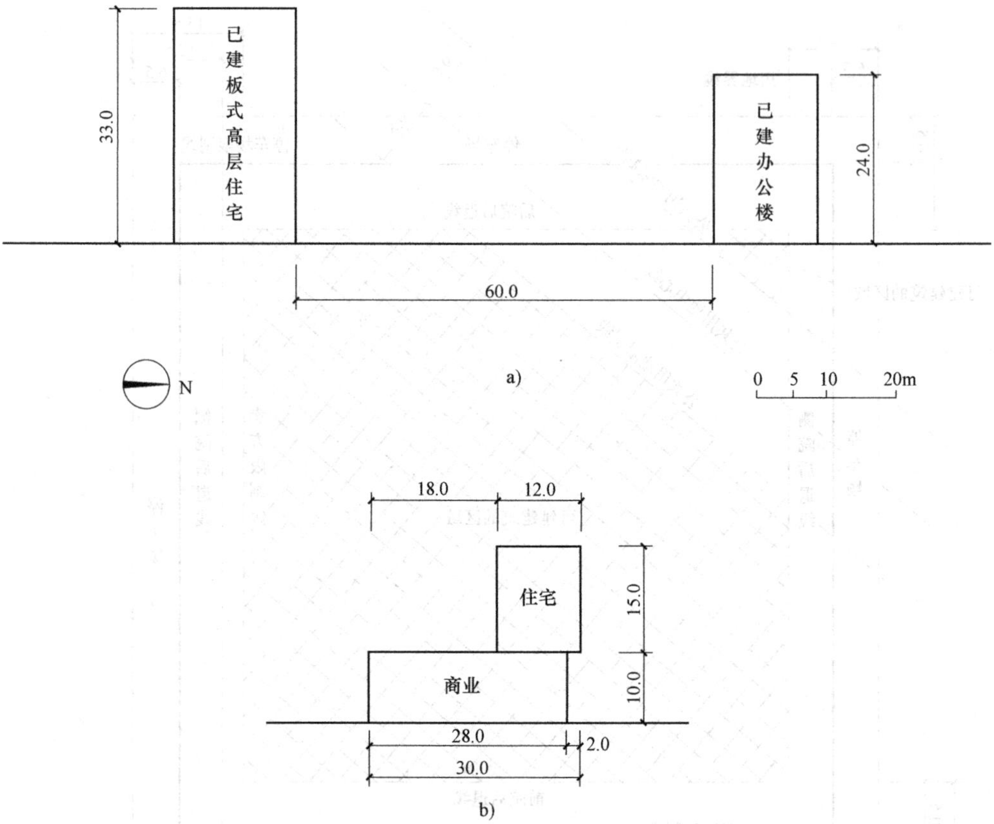


图 6-3 场地现状剖面图

a）场地剖面图 b）拟新建建筑

按作图要求完成的场地分析图如图 6-4 所示。

## 6.2 场地地形设计实训

### 1. 设计条件

场地地形现状如图 6-5 所示(单位:m)。

1）*AB* 段城市道路路宽 15m，路面纵坡为 2.5%，横坡为 1%。

2）道路 *A* 点标高为 16.0m。

### 2. 任务要求

1）要求沿路面纵坡方向绘出路面等高线，等高距为 0.1m。

2）注明等高线间距和纵坡间距尺寸，并注明 *B* 点路面的标高。

考核点:

1）等高线间距与等高距。

2）道路的纵坡与横坡。

提示:

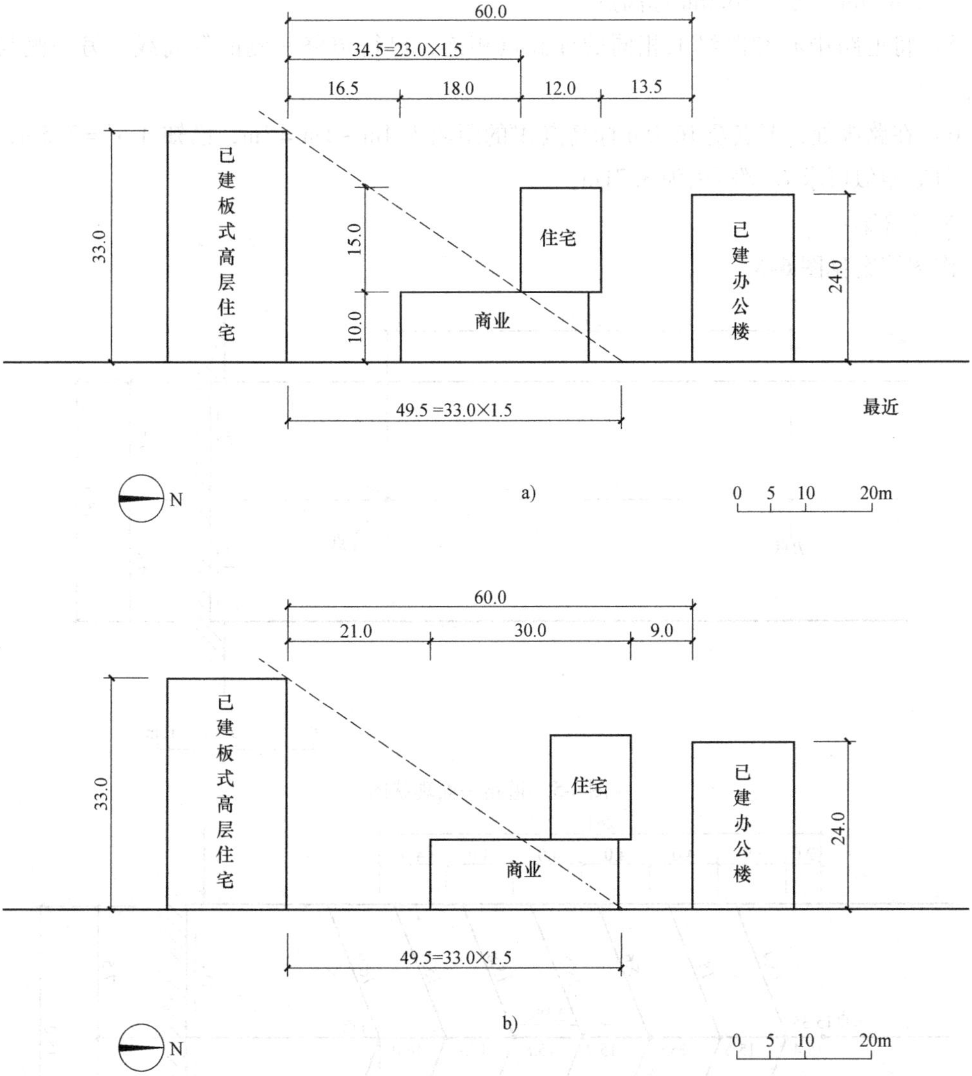


图6-4 场地剖面分析图

a）最近 b）最远

1）对于道路纵坡，当坡度为2.5%和等高距为0.1m时，纵坡间距尺寸应为0.1m/2.5% =4m。据此，在道路中心线上，以*A*点为原点，每隔4m量一点，即依次可得15.9m、15.8m、15.7m、15.6m、15.5m和15.4m各标高点。

2）*B*点与15.4m标高点的距离为2m，其坡降值为2m×2.5% =0.05m，因此*B*点标高为15.35m。

3）对于道路的横坡，当坡度为1%和坡长为15m/2 =7.5m时，其坡降为7.5m×0.01 =0.075m。由此时知与*A*点相对的路缘处*A'*的标高应为15.925m。

4）在路缘处，其纵坡仍为2.5%，其15.9m标高点与*A'*点的间距应为(15.925m − 15.90m)/2.5% = 1.0m，也就是由*A'*点向低方向量1.0m可得15.9m标高点。再由此点向高方向量4.0m，可得16.0m标高点。

5）将道路中心和路缘上相同的标高点相连，可得道路一侧的等高线，另一侧与其对称。

6）在路缘处，$A'$点至16.0m标高点$A''$的距离为4m－1m＝3m，已知$AA'$＝7.5m，根据三角形相似可求$C'C''$距离为3.71m。

参考答案：

作图答案见图6-6。

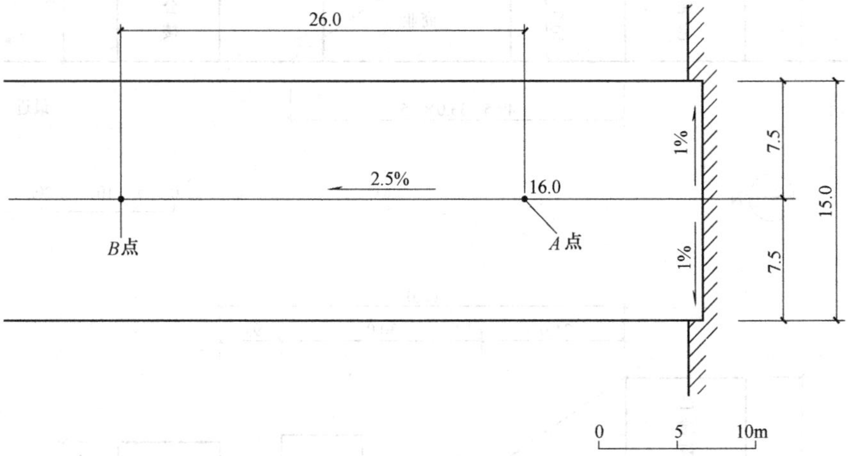


图6-5 道路平面现状图

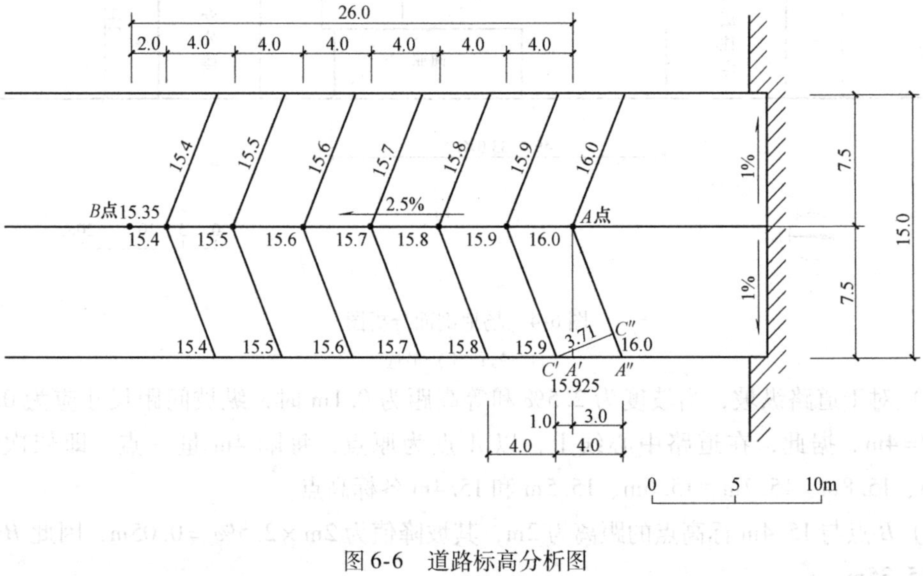


图6-6 道路标高分析图

## 6.3 场地断面设计实训

### 1. 设计条件

1）已知场地平面方格网如图6-7所示，方格网四角数字为该点的场地标高。

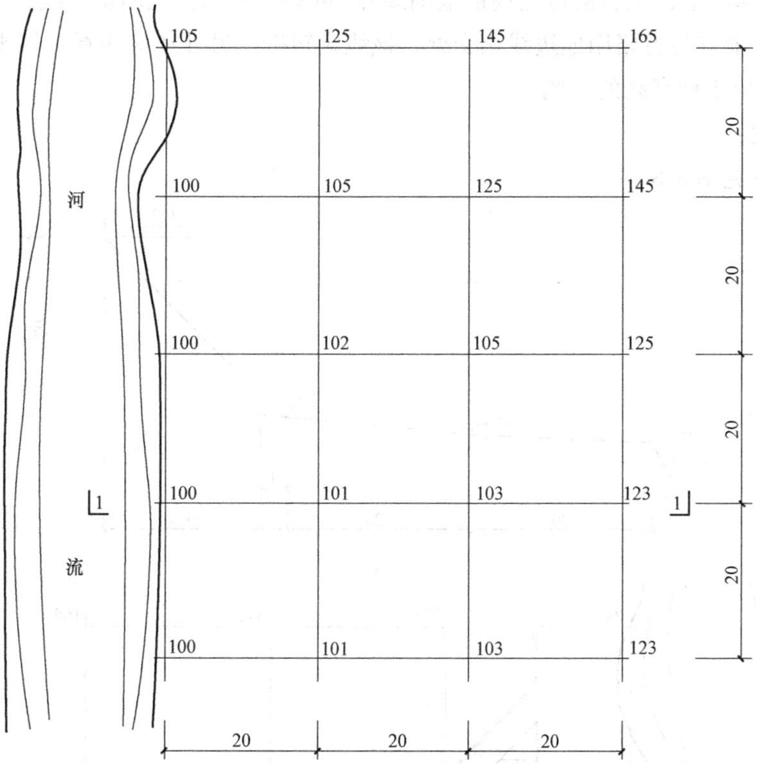


图6-7　场地平面现状图

2）沿河边方格网线10m宽留作道路用地。

**2. 任务要求**

1）按1—1剖面线所示位置，画出场地剖面图，并注出方格网交点处的标高。

2）在场地平面图上画出可建场地范围(场地坡度≥1∶1者为不可建用地)。

3）距可建场地范围线外4m处画出挡土墙的平面位置。

考核点：

1）场地坡度。

2）场地平面方格网。

3）挡土墙。

4）场地的可建范围。

提示：

1）场地剖面的绘制：按比例量标出方格网交点处的标高(100m、101m、103m和123m)，连接各点形成自然地面线。注意标高103～123m之间为45°斜线，并应画出挡土墙剖面示意及该处的落差。

2）可建场地范围的绘制：

① 距河边方格网线10m处，画出道路用地边线，即左侧的可建场地范围线。

② 比较相邻方格网交点的标高差是否不小于20m(即坡度不小于1∶1)，则可判断出其他可建场地范围线的位置，其中标高105～125m高差处为斜向45°线。

3）在平面图上，距右侧可建场地范围线外4m处，画出挡土墙位置线。

注意：在上方与道路用地边线相交处，该线应转折。另外还应注意：挡土墙图例中的“粗断线”应位于标高高的一侧。

参考答案：

作图答案见图6-8。

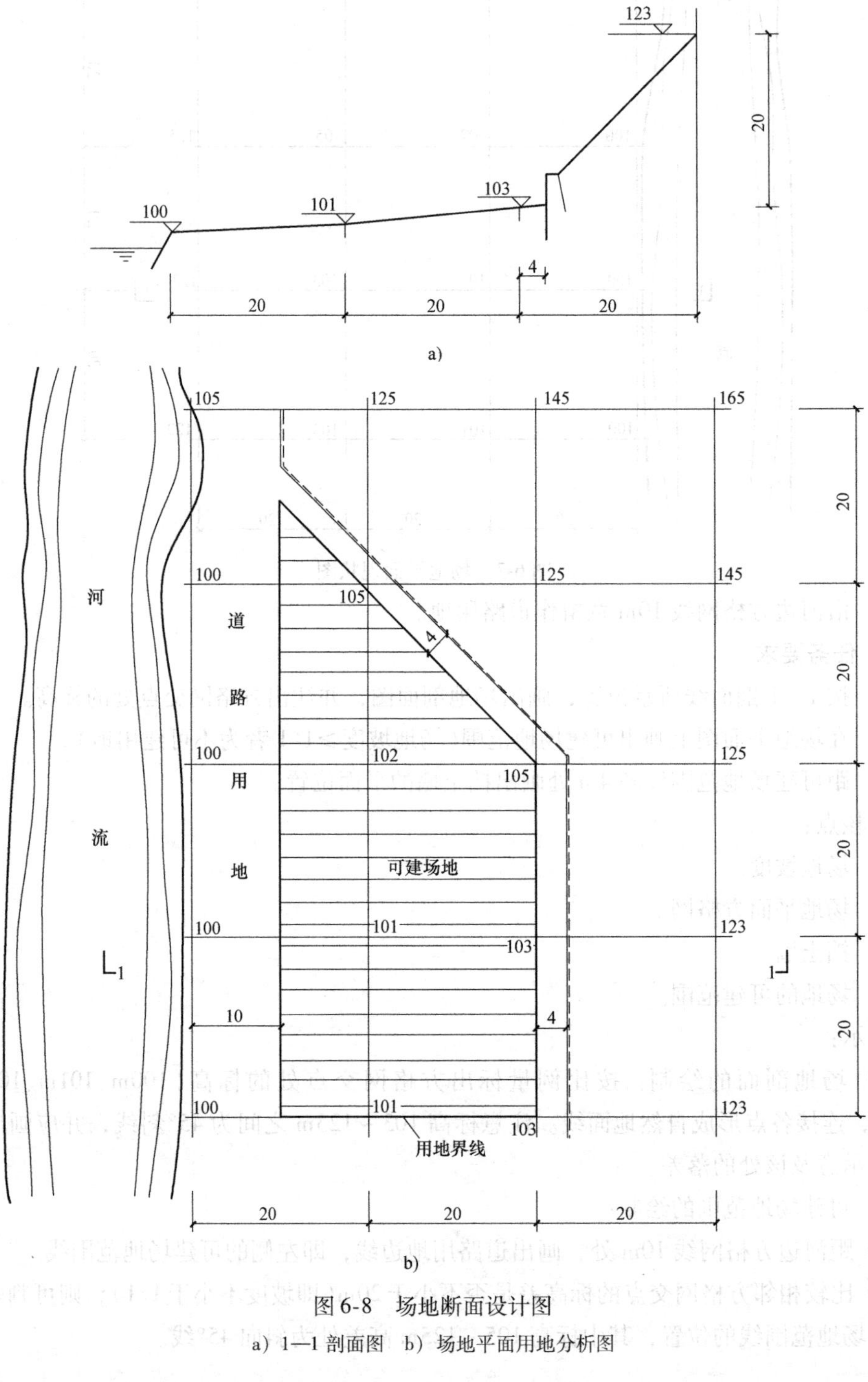


图6-8 场地断面设计图

a）1—1剖面图 b）场地平面用地分析图

## 6.4　停车场设计实训 ➤➤

### 1. 设计条件

1）拟建停车场的用地界线及四周现状如图6-9所示。

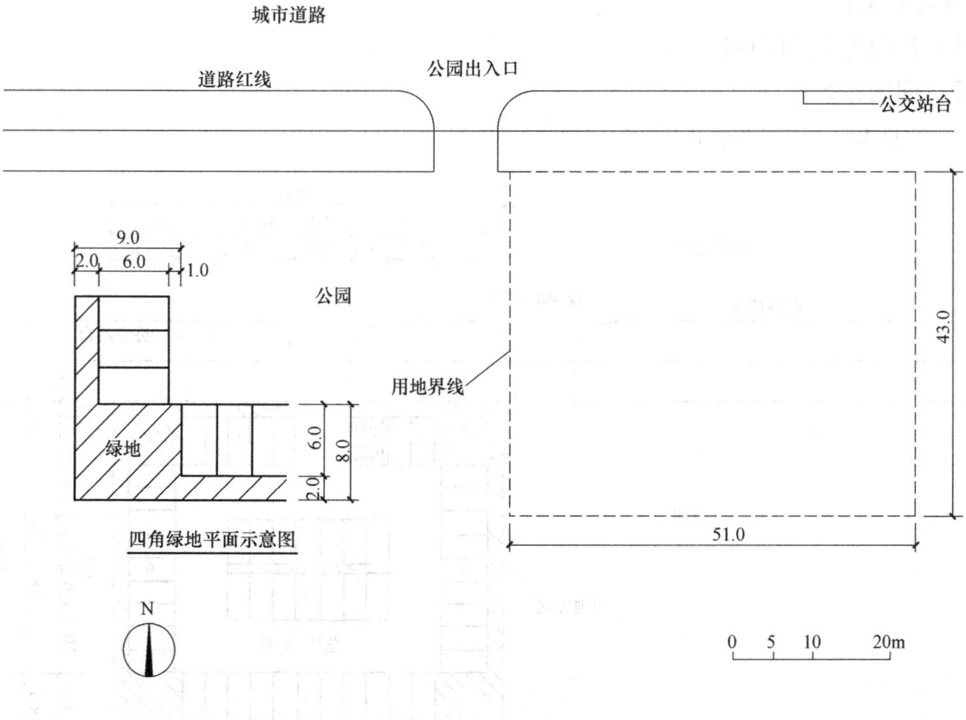


图6-9　场地平面现状图

2）停车位尺寸：长×宽=6m×3m，采用垂直停车方式(应布置尽量多的停车位)。行车道宽7m，并需贯通。

3）沿用地边界内侧布置2m宽的绿化带，其中四角绿地的尺寸为9m×8m(如图6-9所示)。两车车尾相对布置时，中间设1m宽的绿化带。

4）入口设于场地北侧，宽度7m，与公园出入口及公交站台的距离应符合规范要求。

5）入口处设管理用房一栋，平面尺寸：长×宽=6m×5m。

### 2. 任务要求

1）绘出停车场平面布置及通向城市道路的出入口。

2）标注各停车带的停车数及相关尺寸(可不画停车位)，并标明停车总数。

3）回答问题：

① 停车总数为(　　)辆。

A. 46　　B. 48　　C. 50　　D. 51

② 停车场出入口距用地西侧界线的距离为(　　)。

A. 18　　　　B. 20　　　　C. 21　　　　D. 24

考核点：

1）停车场出入口的数量以及与公园出入口及公交站台的距离。

2）场内行车道与停车带的布置以及停车数量。

3）绿化带及管理用房的布置。

参考答案：

1）作图答案见图 6-10。

2）问题答案：

① C　　　② B

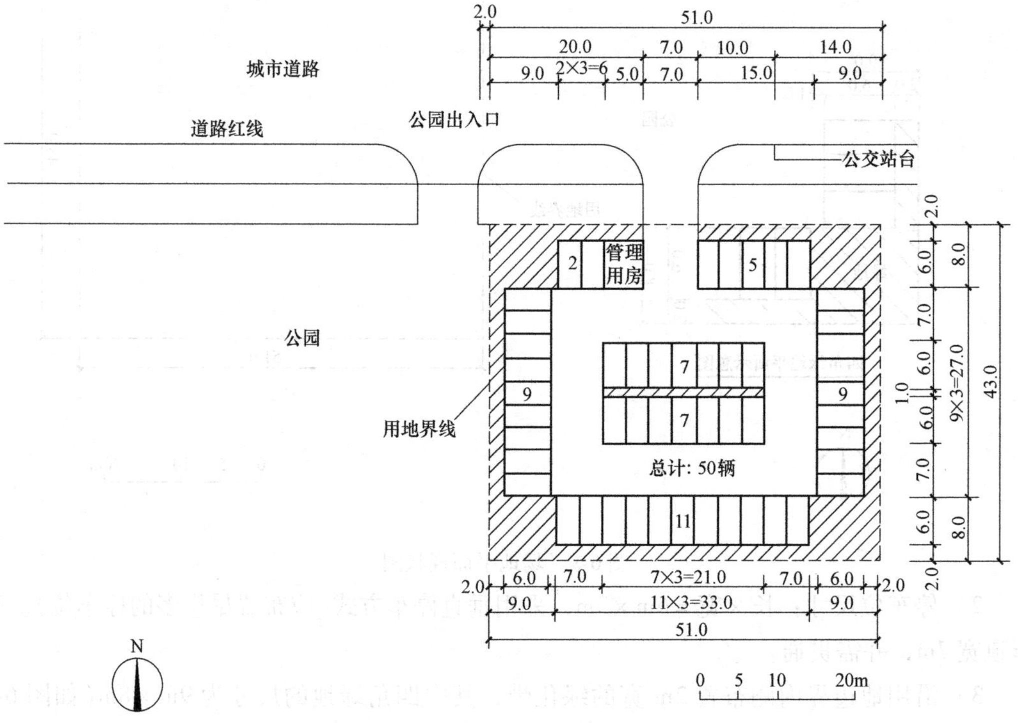


图 6-10　场地停车布置图

# 6.5　绿化布置实训

### 1. 设计条件

一栋二层办公楼的场地平面图，以及树种图例如图 6-11 所示。

### 2. 任务要求

在场地平面图内按树种图例进行绿化布置，以满足下列要求：

1）栽植大树冠的树木突出街道的景观效果。

2）利用树木促使行人走人行道。

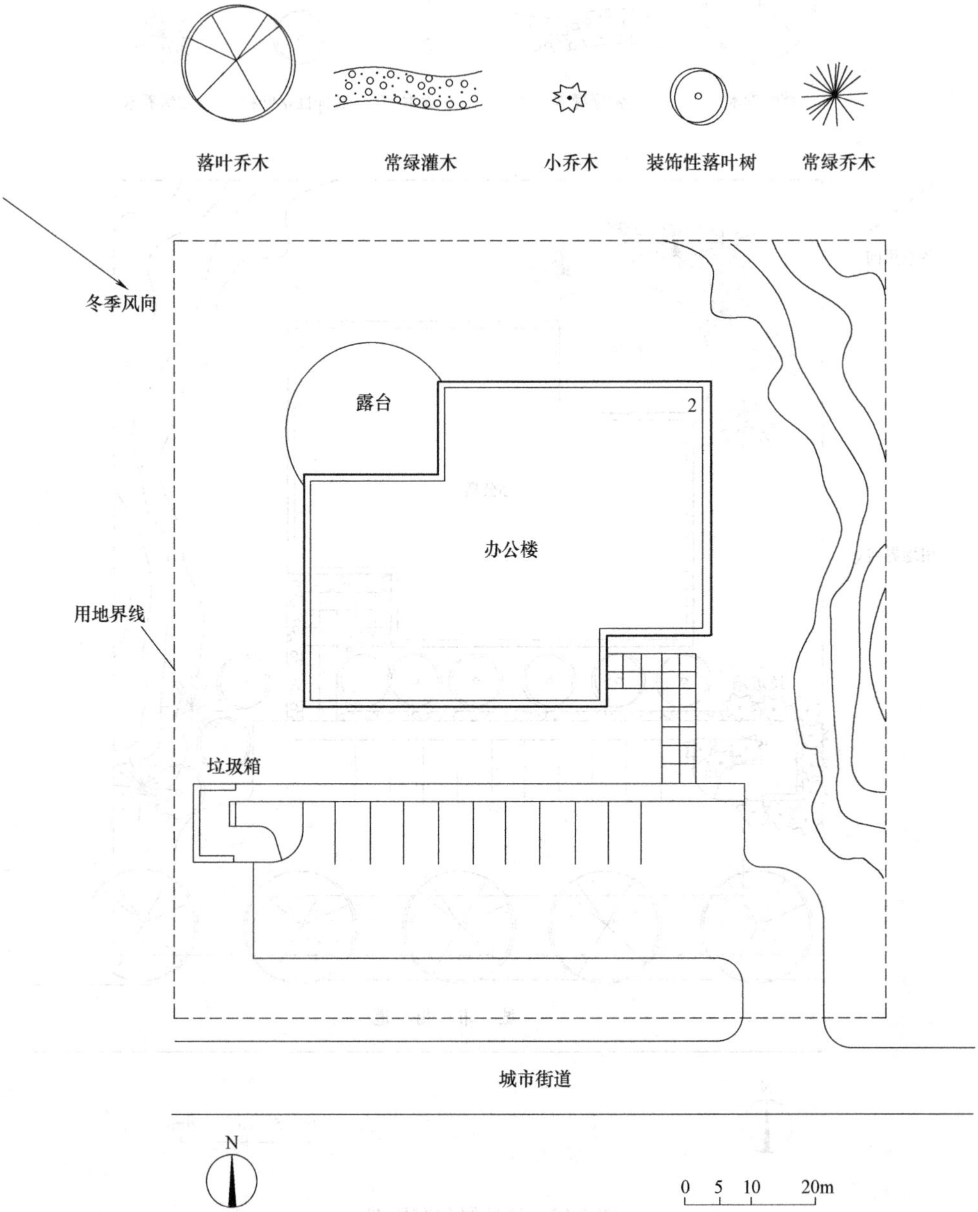


图 6-11　场地平面现状图

3）减少西北风对建筑物的侵袭。

4）将垃圾箱与邻近的地带、车道和停车场隔开。

参考答案：

作图答案见图 6-12。

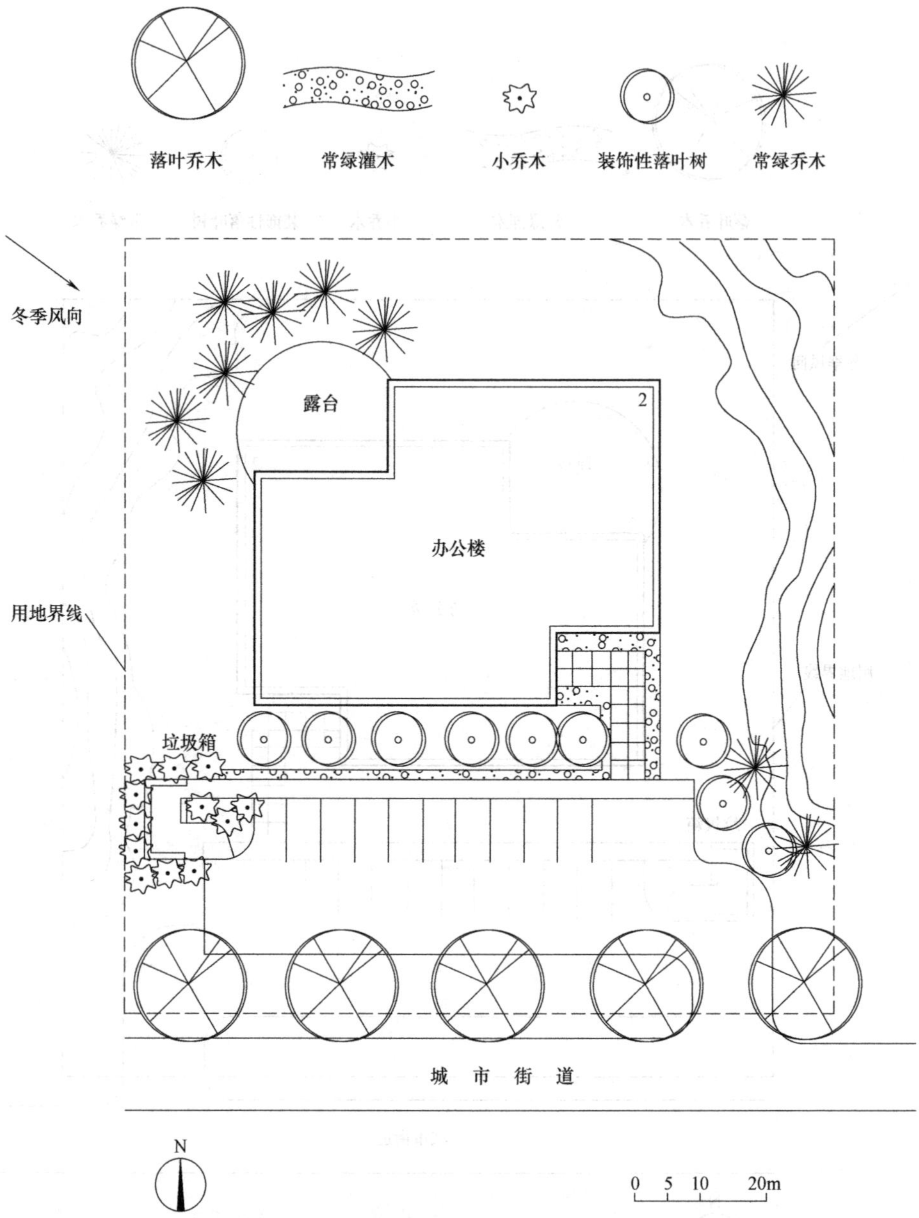


图 6-12 场地绿化布置图

## 6.6 管线综合实训

管线综合的步骤：

1）总图专业首先将总平面布置图，分别提供给各有关的管线专业。

2）各管线专业在接到由总图专业所提供的总平面布置图后，将本专业所设计的管线及有关附属的重要设备，根据技术要求和合理的敷设方式，结合总平面布置的具体情况布置在该图上。

3）根据管线综合的布置原则和具体技术要求，总图专业进行初步的管线综合布置。

4）总图专业根据各管线专业都同意的管线综合方案，进行管线的定位计算。

## 6.6.1　管线综合实训一

### 1. 设计条件

1）场地内东西向及南北向道路已建成，其交叉口处的道路红线及人行道宽度如图6-13 所示。

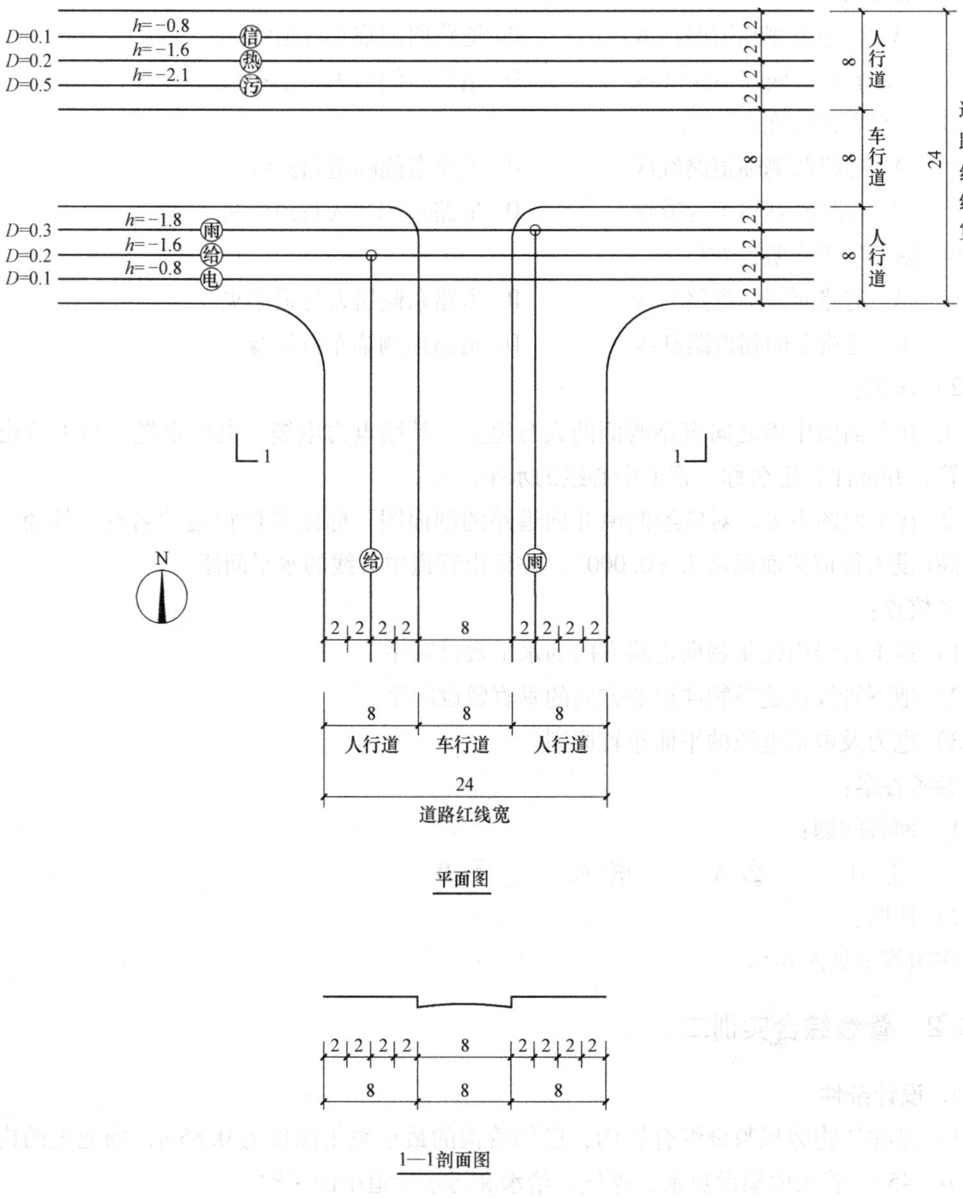


图 6-13　管道综合现状图

2）东西向及南北向道路上已建地下管道的种类、外径、间距及覆土深度等见图 6-13 所示。

3）解题时可不考虑路面和管道的坡度，以及管径的变化。

**2. 任务要求**

1）回答问题：

① 电信电缆应敷设在(　　)

A. 道路东侧居人行道中央　　B. 道路西侧临车行道缘

C. 道路东侧临道路红线　　D. 道路西侧临道路红线

② 电力电缆应敷设在(　　)

A. 道路东侧临道路红线　　B. 道路西侧临车行道缘

C. 道路西侧临道路红线　　D. 道路东侧居人行道中央

③ 污水管敷设在(　　)

A. 道路西侧临道路红线　　B. 道路东侧临道路红线

C. 道路西侧临车行道缘　　D. 道路东侧居人行道中央

④ 热力管道应敷设在(　　)

A. 道路西侧临道路红线　　B. 道路东侧居人行道中央

C. 道路东侧临道路红线　　D. 道路西侧临车行道缘

2）作图：

① 在平面图中南北向道路两侧的人行道上，补绘电力电缆、电信电缆、热力管道和污水管，并标注管道名称、管道中心线的水平间距。

② 在平面图下方，对应绘制南北向道路的剖面图，标注各种管道的名称、外径、管顶标高(设人行道路面标高为 ±0.000)，并标出管道中心线的水平间距。

考核点：

1）地下管线由建筑物向道路方向的水平敷设顺序。

2）地下管线由建筑物向道路方向的垂直敷设顺序。

3）电力及电信电缆的平面布置原则。

参考答案：

1）回答问题：

① D　　② A　　③ C　　④ B

2）作图：

作图答案见图 6-14。

## 6.6.2 管线综合实训二

**1. 设计条件**

1）某建筑物旁拟敷设综合管沟，已知管沟的最小覆土深度为 0.85m，场地土的内摩擦角 $\alpha=45°$，管沟内架设热水、煤气、给水和污水管道中的三种。

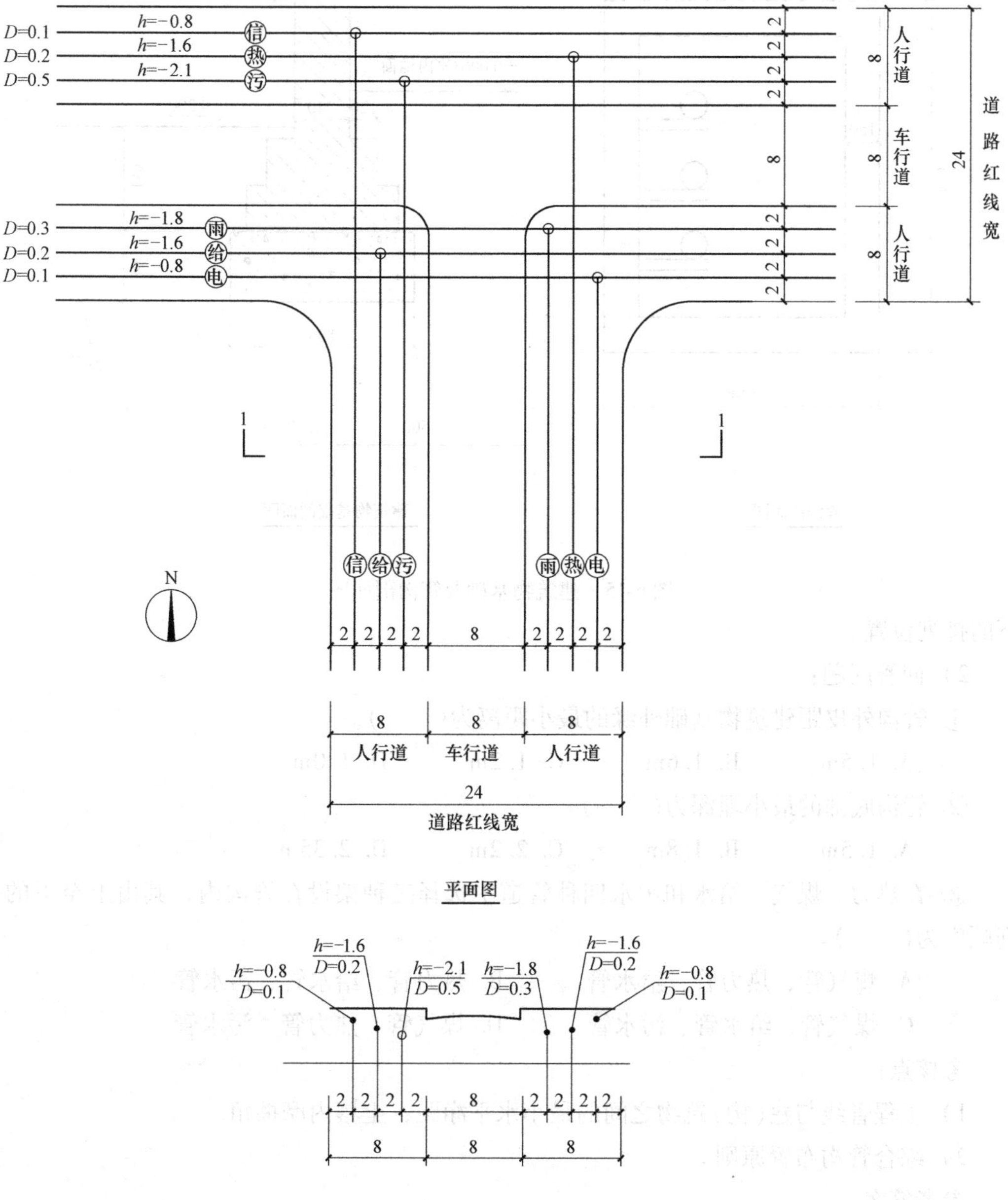


1—1剖面图

图6-14　管线综合布置图

2）建筑物基础及管沟剖面如图6-15所示。

3）暂不考虑管沟的施工操作距离。

## 2. 任务要求

1）绘出室外管沟布置剖面图，并标注相关尺寸，以及所选三种管道在管沟中由上至

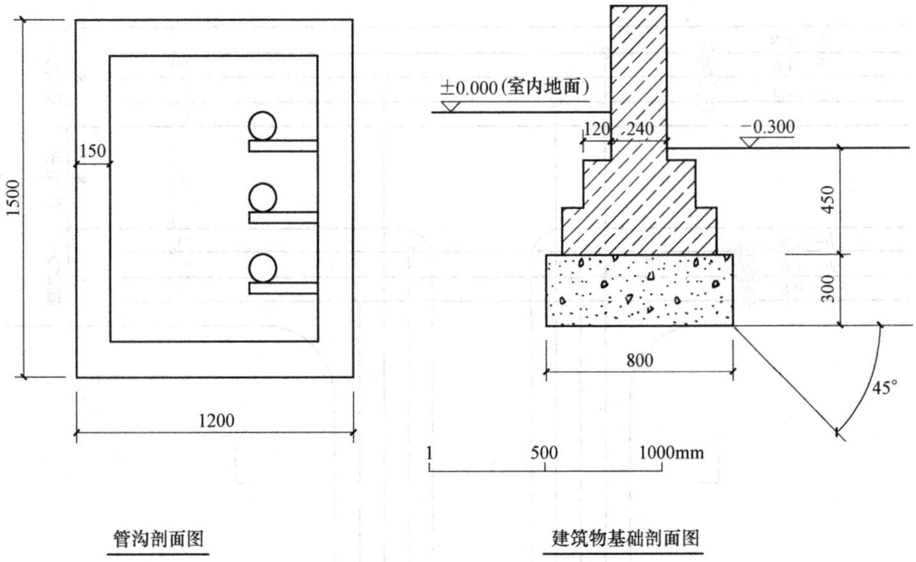


图 6-15　建筑物基础及管沟剖面图

下的排列位置。

2）回答问题：

① 管沟外皮距建筑物基础外缘的最小距离为(　　)。

A. 1.5m　　B. 1.6m　　C. 1.2m　　D. 1.0m

② 管沟底部的最小埋深为(　　)。

A. 1.5m　　B. 1.8m　　C. 2.2m　　D. 2.35m

③ 在热力、煤气、给水和污水四种管道中选择三种架设在管沟内，其由上至下的排列顺序为(　　)。

A. 煤气管、热力管、给水管　　B. 热力管、给水管、污水管

C. 煤气管、给水管、污水管　　D. 煤气管、热力管、污水管

考核点：

1）工程管线与建(构)筑物之间的最小水平净距，土壤内摩擦角。

2）综合管沟布置原则。

参考答案：

1）作图答案见图 6-16。

2）回答问题：

① B　　② D　　③ B

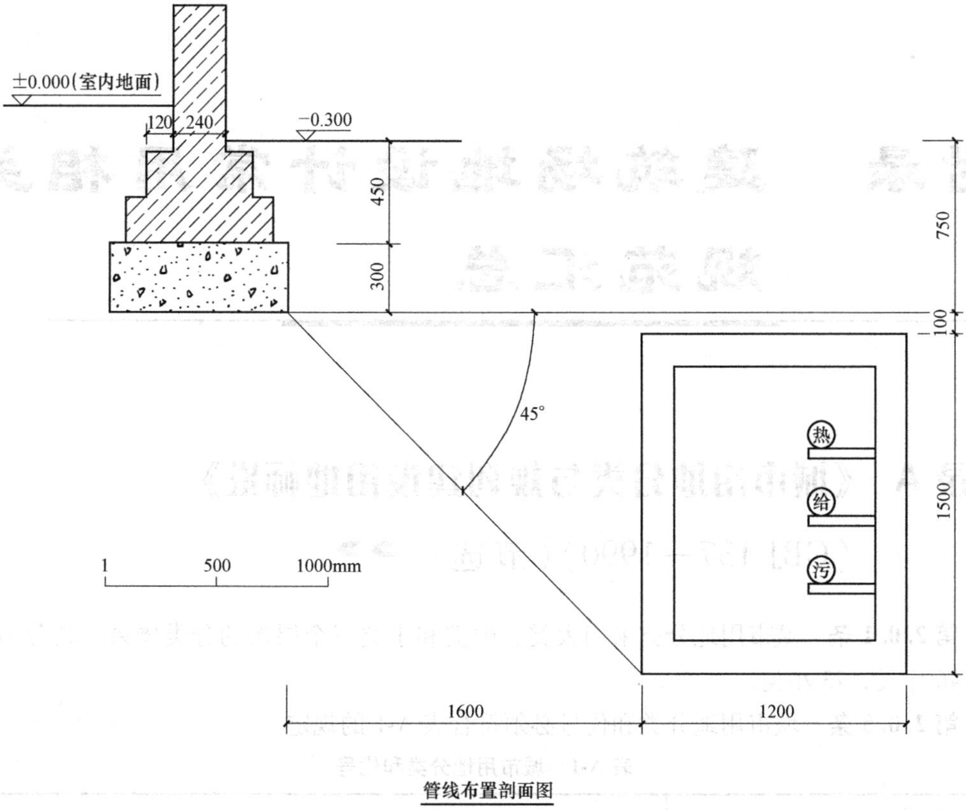


图 6-16　管线布置剖面图

# 附录　建筑场地设计常用相关规范汇总

## 附录 A 《城市用地分类与规划建设用地标准》（GBJ 137—1990）（节选）

**第 2.0.1 条**　城市用地分类采用大类、中类和小类三个层次的分类体系，共分 10 大类，46 中类，73 小类。

**第 2.0.5 条**　城市用地分类和代号必须符合表 A-1 的规定。

**表 A-1　城市用地分类和代号**

| 类别代号 | | | 类别名称 | 范围 |
|---|---|---|---|---|
| 大类 | 中类 | 小类 | | |
| R | | | 居住用地 | 居住小区、居住街坊、居住组团和单位生活等各种类型的成片或零星的用地 |
| | R1 | | 一类居住用地 | 市政公用设施齐全、布局完整、环境良好，以低层住宅为主的用地 |
| | | R11 | 住宅用地 | 住宅建筑用地 |
| | | R12 | 公共服务设施用地 | 居住小区及小区级以下的公共设施和服务设施用地，如托儿所、幼儿园、小学、中学、粮店、菜店、副食店、服务站、储蓄所、邮政所、居委会、派出所等用地 |
| | | R13 | 道路用地 | 居住小区及小区级以下的小区路、组团路或小街、小巷、小胡同及停车场等用地 |
| | | R14 | 绿地 | 居住小区及小区级以下的小游园等用地 |
| | R2 | | 二类居住用地 | 市政公用设施齐全、布局完整、环境较好，以多、中、高层住宅为主的用地 |
| | | R21 | 住宅用地 | 住宅建设用地 |
| | | R22 | 公共服务设施用地 | 居住小区及小区级以下的公共设施和服务设施用地，如托儿所、幼儿园、小学、中学、粮店、菜店、副食店、服务站、储蓄所、邮政所、居委会、派出所等用地 |
| | | R23 | 道路用地 | 居住小区及小区级以下的小区路、组团路或小街、小巷、小胡同及停车场等用地 |
| | | R24 | 绿地 | 居住小区及小区级以下的小游园等用地 |

（续）

| 类别代号 | | | 类别名称 | 范　　围 |
|---|---|---|---|---|
| 大类 | 中类 | 小类 | | |
| R | R3 | | 三类居住用地 | 市政公用设施比较齐全、布局不完整、环境一般，或住宅与工业等用地有混合交叉的用地 |
| | | R31 | 住宅用地 | 住宅建筑用地 |
| | | R32 | 公共服务设施用地 | 居住小区及小区级以下的公共设施和服务设施用地，如托儿所、幼儿园、小学、中学、粮店、菜店、副食店、服务站、储蓄所、邮政所、居委会、派出所等用地 |
| | | R33 | 道路用地 | 居住小区及小区级以下的小区路、组团路或小街、小巷、小胡同及停车场等用地 |
| | | R34 | 绿地 | 居住小区及小区级以下的小游园等用地 |
| | R4 | | 四类居住用地 | 以简陋住宅为主的用地 |
| | | R41 | 住宅用地 | 住宅建筑用地 |
| | | R42 | 公共服务设施用地 | 居住小区及小区级以下的公共设施和服务设施用地，如托儿所、幼儿园、小学、中学、粮店、菜店、副食店、服务站、储蓄所、邮政所、居委会、派出所等用地 |
| | | R43 | 道路用地 | 居住小区及小区级以下的小区路、组团路或小街、小巷、小胡同及停车场等用地 |
| | | R44 | 绿地 | 居住小区及小区级以下的小游园等用地 |
| C | | | 公共设施用地 | 居住区及居住区级以上的行政、经济、文化、教育、卫生、体育以及科研设计等机构和设施的用地，不包括居住用地中的公共服务设施用地 |
| | C1 | | 行政办公用地 | 行政、党派和团体等机构用地 |
| | | C11 | 市属办公用地 | 市属机关，如人大、政协、人民政府、法院、检察院、各党派和团体以及企事业管理机构等办公用地 |
| | | C12 | 非市属办公用地 | 在本市的非市属机关及企事业管理机构等行政办公用地 |
| | C2 | | 商业金融业用地 | 商业、金融业、服务业、旅馆业和市场等用地 |
| | | C21 | 商业用地 | 综合百货商店、商场和经营各种食品、服装、纺织品、医药、日用杂货、五金交电、文化体育、工艺美术等专业零售批发商店及其附属的小型工场、车间和仓库等用地 |
| | | C22 | 金融保险业用地 | 银行及分理处、信用社、信托投资公司、证券交易所和保险公司，以及外国驻本市的金融和保险机构等用地 |
| | | C23 | 贸易咨询用地 | 各种贸易公司、商社及其咨询机构等用地 |
| | | C24 | 服务业用地 | 饮食、照相、理发、浴室、洗染、日用修理和交通售票等用地 |
| | | C25 | 旅馆业用地 | 旅馆、招待所、度假村及其附属设施等用地 |
| | | C26 | 市场用地 | 独立地段的农贸市场、小商品市场、工业品市场和综合市场等用地 |

（续）

| 类别代号 | | | 类别名称 | 范围 |
|---|---|---|---|---|
| 大类 | 中类 | 小类 | | |
| C | C3 | | 文化娱乐用地 | 新闻出版、文化艺术团体、广播电视、图书展览、游乐等设施用地 |
| | | C31 | 新闻出版用地 | 各种通讯社、报社和出版社等用地 |
| | | C32 | 文化艺术团体用地 | 各种文化艺术团体等用地 |
| | | C33 | 广播电视用地 | 各级广播电台、电视台和转播台、差转台等用地 |
| | | C34 | 图书展览用地 | 公共图书馆、博物馆、科技馆、展览馆和纪念馆等用地 |
| | | C35 | 影剧院用地 | 电影院、剧场、音乐厅、杂技场等演出场所，包括各单位对外营业的同类用地 |
| | | C36 | 游乐用地 | 独立地段的游乐场、舞厅、俱乐部、文化宫、青少年宫、老年活动中心等用地 |
| | C4 | | 体育用地 | 体育场馆和体育训练基地等用地，不包括学校等单位内的体育用地 |
| | | C41 | 体育场馆用地 | 室内外体育运动用地，如体育场馆、游泳场馆、各类球场、溜冰场、赛马场、跳伞场、摩托车场、射击场以及水上运动的陆域部分等用地，包括附属的业余体校用地 |
| | | C42 | 体育训练用地 | 为各类体育运动专设的训练基地用地 |
| | C5 | | 医疗卫生用地 | 医疗、保健、卫生、防疫、康复和急救设施等用地 |
| | | C51 | 医院用地 | 综合医院和各类专科医院等用地，如妇幼保健院、儿童医院、精神病院、肿瘤医院等 |
| | | C52 | 卫生防疫用地 | 卫生防疫站、专科防治所、检验中心、急救中心和血库等用地 |
| | | C53 | 休疗养用地 | 休养所和疗养院等用地，不包括以居住为主的干休所用地，该用地应归入居住用地(R) |
| | C6 | | 教育科研设计用地 | 高等院校、中等专业学校、科学研究和勘测设计机构等用地，不包括中学、小学和幼托用地，该用地应归入居住用地(R) |
| | | C61 | 高等学校用地 | 大学、学院、专科学校和独立地段的研究生院等用地，包括军事院校用地 |
| | | C62 | 中等专业学校用地 | 中等专业学校、技工学校、职业学校等用地，不包括附属于普通中学内的职业高中用地 |
| | | C63 | 成人与业余学校用地 | 独立地段的电视大学、夜大学、教育学院、党校、干校、业余学校和培训中心等用地 |
| | | C64 | 特殊学校用地 | 聋、哑、盲人学校及工读学校等用地 |
| | | C65 | 科研设计用地 | 科学研究、勘测设计、观察测试、科技信息和科技咨询等机构用地，不包括附设于其他单位内的研究室和设计室等用地 |

（续）

| 类别代号 | | | 类别名称 | 范围 |
|---|---|---|---|---|
| 大类 | 中类 | 小类 | | |
| C | C7 | | 文物古迹用地 | 具有保护价值的古遗址、古墓葬、古建筑、革命遗址等用地。不包括已作其他用途的文物古迹用地，该用地应分别归入相应的用地类别 |
| | C8 | | 其他公共设施用地 | 除以上之外的公共设施用地，如宗教活动场所、社会福利院等用地 |
| M | | | 工业用地 | 工矿企业的生产车间、库房及其附属设施等用地，包括专用的铁路、码头和道路等用地，不包括露天矿用地，该用地应归入水域和其他用地(E) |
| | M1 | | 一类工业用地 | 对居住和公共设施等环境基本无干扰和污染的工业用地，如电子工业、缝纫工业、工艺品制造工业等用地 |
| | M2 | | 二类工业用地 | 对居住和公共设施等环境有一定干扰和污染的工业用地，如食品工业、医药制造工业、纺织工业等用地 |
| | M3 | | 三类工业用地 | 对居住和公共设施等环境有严重干扰和污染的工业用地，如采掘工业、冶金工业、大中型机械制造工业、化学工业、造纸工业、制革工业、建材工业等用地 |
| W | | | 仓储用地 | 仓储企业的库房、堆场和包装加工车间及其附属设施等用地 |
| | W1 | | 普通仓库用地 | 以库房建筑为主的储存一般货物的普通仓库用地 |
| | W2 | | 危险品仓库用地 | 存放易燃、易爆和剧毒等危险品的专用仓库用地 |
| | W3 | | 堆场用地 | 露天放货物为主的仓库用地 |
| T | | | 对外交通用地 | 铁路、公路、管道运输、港口和机场等城市对外交通运输及其附属设施等用地 |
| | T1 | | 铁路用地 | 铁路站场和线路等用地 |
| | T2 | | 公路用地 | 高速公路和一、二、三级公路线路及长途客运站等用地，不包括村镇公路用地，该用地应归入水域和其他用地(E) |
| | | T21 | 高速公路用地 | 高速公路用地 |
| | | T22 | 一、二、三级公路用地 | 一级、二级和三级公路用地 |
| | | T23 | 长途客运站用地 | 长途客运站用地 |
| | T3 | | 管道运输用地 | 运输煤炭、石油和天然气等地面管道运输用地 |

（续）

| 类别代号 | | | 类别名称 | 范围 |
|---|---|---|---|---|
| 大类 | 中类 | 小类 | | |
| T | T4 | | 港口用地 | 海港和河港的陆域部分，包括码头作业区、辅助生产区和客运站等用地 |
| | | T41 | 海港用地 | 海港港口用地 |
| | | T42 | 河港用地 | 河港港口用地 |
| | T5 | | 机场用地 | 民用及军民合用的机场用地，包括飞行区、航站区等用地，不包括净空控制范围用地 |
| S | | | 道路广场用地 | 市级、区级和居住区级的道路、广场和停车场等用地 |
| | S1 | | 道路用地 | 主干路、次干路和支路用地，包括其交叉路口用地，不包括居住用地、工业用地等内部的道路用地 |
| | | S11 | 主干路用地 | 快速干路和主干路用地 |
| | | S12 | 次干路用地 | 次干路用地 |
| | | S13 | 支路用地 | 主次干路间的联系道路用地 |
| | | S14 | 其他道路用地 | 除主次干路和支路外的道路用地，如步行街、自行车专用道等用地 |
| | S2 | | 广场用地 | 公共活动广场用地，不包括单位内的广场用地 |
| | | S21 | 交通广场用地 | 交通集散为主的广场用地 |
| | | S22 | 游憩集会广场用地 | 游憩、纪念和集会等为主的广场用地 |
| | S3 | | 社会停车场库用地 | 公共使用的停车场和停车库用地，不包括其他各类用地配建的停车场库用地 |
| | | S31 | 机动车停车场库用地 | 机动车停车场库用地 |
| | | S32 | 非机动车停车场库用地 | 非机动车停车场库用地 |
| U | | | 市政公用设施用地 | 市级、区级和居住区级的市政公用设施用地，包括其建筑物、构筑物及管理维修设施等用地 |

（续）

| 类别代号 | | | 类别名称 | 范围 |
|---|---|---|---|---|
| 大类 | 中类 | 小类 | | |
| U | U1 | | 供应设施用地 | 供水、供电、供燃气和供热等设施用地 |
| | | U11 | 供水用地 | 独立地段的水厂及其附属的构筑物用地，包括泵房和调压站等用地 |
| | | U12 | 供电用地 | 变电站所、高压塔基等用地。不包括电厂用地，该用地应归入工业用地(M)。高压走廊下规定的控制范围内的用地，应按其地面实际用途归类 |
| | | U13 | 供燃气用地 | 储气站、调压站、罐装站和地面输气管廊等用地，不包括煤气厂用地，该用地应归入工业用地(M) |
| | | U14 | 供热用地 | 大型锅炉房，调压、调温站和地面输热管廊等用地 |
| | U2 | | 交通设施用地 | 公共交通和货运交通等设施用地 |
| | | U21 | 公共交通用地 | 公共汽车、出租汽车、有轨电车、无轨电车、轻轨和地下铁道(地面部分)的停车场、保养场、车辆段和首末站等用地，以及轮渡(陆上部分)用地 |
| | | U22 | 货运交通用地 | 货运公司车队的站场等用地 |
| | | U29 | 其他交通设施用地 | 除以上之外的交通设施用地，如交通指挥中心、交通队、教练场、加油站、汽车维修站等用地 |
| | U3 | | 邮电设施用地 | 邮政、电信和电话等设施用地 |
| | U4 | | 环境卫生设施用地 | 环境卫生设施用地 |
| | | U41 | 雨水、污水处理用地 | 雨水、污水泵站、排渍站、处理厂、地面专用排水管廊等用地，不包括排水河渠用地，该用地应归入水域和其他用地(E) |
| | | U42 | 粪便、垃圾处理用地 | 粪便、垃圾的收集、转运、堆放、处理等设施用地 |
| | U5 | | 施工与维修设施用地 | 房屋建筑、设备安装、市政工程、绿化和地下构筑物等施工及养护维修设施等用地 |
| | U6 | | 殡葬设施用地 | 殡仪馆、火葬场、骨灰存放处和墓地等设施用地 |
| | U9 | | 其他市政公用设施用地 | 除以上之外的市政公用设施用地，如消防、防洪等设施用地 |
| G | | | 绿地 | 市级、区级和居住区级的公共绿地及生产防护绿地，不包括专用绿地、园地和林地 |

（续）

| 类别代号 | | | 类别名称 | 范围 |
|---|---|---|---|---|
| 大类 | 中类 | 小类 | | |
| G | | | 公共绿地 | 向公众开放，有一定游憩设施的绿化用地，包括其范围内的水域 |
| | G1 | G11 | 公园 | 综合性公园、纪念性公园、儿童公园、动物园、植物园、古典园林、风景名胜公园和居住区小公园等用地 |
| | | G12 | 街头绿地 | 沿道路、河湖、海岸和城墙等设有一定游憩设施或起装饰性作用的绿化用地 |
| | G2 | | 生产防护绿地 | 园林生产绿地和防护绿地 |
| | | G21 | 园林生产绿地 | 提供苗木、草皮和花卉的圃地 |
| | | G22 | 防护绿地 | 用于隔离、卫生和安全的防护林带及绿地 |
| D | | | 特殊用地 | 特殊性质的用地 |
| | D1 | | 军事用地 | 直接用于军事目的的军事设施用地，如指挥机关、营区、训练场、试验场、军用机场、港口、码头、军用洞库、仓库、军用通信、侦察、导航、观测台站等用地，不包括部队家属生活区等用地 |
| | D2 | | 外事用地 | 外国驻华使馆、领事馆及其生活设施等用地 |
| | D3 | | 保安用地 | 监狱、拘留所、劳改场所和安全保卫部门等用地，不包括公安局和公安分局，该用地应归入公共设施用地(C) |
| E | | | 水域和其他用地 | 除以上各大类用地之外的用地 |
| | E1 | | 水域 | 江、河、湖、海、水库、苇地、滩涂和渠道等水域，不包括公共绿地及单位内的水域 |
| | E2 | | 耕地 | 种植各种农作物的土地 |
| | | E21 | 菜地 | 种植蔬菜为主的耕地，包括温室、塑料大棚等用地 |
| | | E22 | 灌溉水田 | 有水源保证和灌溉设施，在一般年景能正常灌溉，用以种植水稻、莲藕、席草等水生作物的耕地 |
| | | E29 | 其他耕地 | 除以上之外的耕地 |
| | E3 | | 园地 | 果园、桑园、茶园、橡胶园等园地 |
| | E4 | | 林地 | 生长乔木、竹类、灌木、沿海红树林等林木的土地 |
| | E5 | | 牧草地 | 生长各种牧草的土地 |
| | E6 | | 村镇建设用地 | 集镇、村庄等农村居住点生产和生活的各类建设用地 |
| | | E61 | 村镇居住用地 | 以农村住宅为主的用地，包括住宅、公共服务设施和道路等用地 |
| | | E62 | 村镇企业用地 | 村镇企业及其附属设施用地 |
| | | E63 | 村镇公路用地 | 村镇与城市、村镇与村镇之间的公路用地 |
| | | E69 | 村镇其他用地 | 村镇其他用地 |

（续）

| 类别代号 | | | 类别名称 | 范围 |
|---|---|---|---|---|
| 大类 | 中类 | 小类 | | |
| E | E7 | | 弃置地 | 由于各种原因未使用或尚不能使用的土地，如裸岩、石砾地、陡坡地、塌陷地、盐碱地、沙荒地、沼泽地、废窑坑等 |
| | E8 | | 露天矿用地 | 各种矿藏的露天开采用地 |

# 附录 B 《民用建筑设计通则》(GB 50352—2005)(节选)

## 5. 场地设计

### 5.1 建筑布局

5.1.1 民用建筑应根据城市规划条件和任务要求，按照建筑与环境关系的原则，对建筑布局、道路、竖向、绿化及工程管线等进行综合性的场地设计。

5.1.2 建筑布局应符合下列规定：

1. 建筑间距应符合防火规范要求。

2. 建筑间距应满足建筑用房天然采光(本通则第 7 章 7.1 节采光)的要求，并应防止视线干扰。

3. 有日照要求的建筑应符合本节第 5.1.3 条建筑日照标准的要求，并应执行当地城市规划行政主管部门制定的相应的建筑间距规定。

4. 对有地震等自然灾害地区，建筑布局应符合有关安全标准的规定。

5. 建筑布局应使建筑基地内的人流、车流与物流合理分流，防止干扰，并有利于消防、停车和人员集散。

6. 建筑布局应根据地域气候特征，防止和抵御寒冷、暑热、疾风、暴雨、积雪和沙尘等灾害侵袭，并应利用自然气流组织好通风，防止不良小气候产生。

7. 根据噪声源的位置、方向和强度，应在建筑功能分区、道路布置、建筑朝向、距离以及地形、绿化和建筑物的屏障作用等方面采取综合措施，以防止或减少环境噪声。

8. 建筑物与各种污染源的卫生距离，应符合有关卫生标准的规定。

5.1.3 建筑日照标准应符合下列要求：

1. 每套住宅至少应有一个居住空间获得日照，该日照标准应符合现行国家标准《城市居住区规划设计规范》(GB 50180)有关规定。

2. 宿舍半数以上的居室，应能获得同住宅居住空间相等的日照标准。

3. 托儿所、幼儿园的主要生活用房，应能获得冬至日不小 3h 的日照标准。

4. 老年人住宅、残疾人住宅的卧室、起居室，医院、疗养院半数以上的病房和疗养室，中小学半数以上的教室应能获得冬至日不少于2h的日照标准。

## 5.2 道路

5.2.1 建筑基地内道路应符合下列规定：

1. 基地内应设道路与城市道路相连接，其连接处的车行路面应设限速设施，道路应能通达建筑物的安全出口。

2. 沿街建筑应设连通街道和内院的人行通道(可利用楼梯间)，其间距不宜大于80m。

3. 道路改变方向时，路边绿化及建筑物不应影响行车有效视距。

4. 基地内设地下停车场时，车辆出入口应设有效显示标志；标志设置高度不应影响人、车通行。

5. 基地内车流量较大时应设人行道路。

5.2.2 建筑基地道路宽度应符合下列规定：

1. 单车道路宽度不应小于4m，双车道路宽度不应小于7m。

2. 人行道路宽度不应小于1.50m。

3. 利用道路边设停车位时，不应影响有效通行宽度。

4. 车行道路改变方向时，应满足车辆最小转弯半径要求；消防车道路应按消防车最小转弯半径要求设置。

5.2.3 道路与建筑物间距应符合下列规定：

1. 基地内设有室外消火栓时，车行道路与建筑物的间距应符合防火规范的有关规定。

2. 基地内道路边缘至建筑物、构筑物的最小距离应符合现行国家标准《城市居住区规划设计规范》(GB 50180)的有关规定。

3. 基地内不宜设高架车行道路，当设置高架人行道路与建筑平行时应有保护私密性的视距和防噪声的要求。

5.2.4 建筑基地内地下车库的出入口设置应符合下列要求：

1. 地下车库出入口距基地道路的交叉路口或高架路的起坡点不应小于7.50m。

2. 地下车库出入口与道路垂直时，出入口与道路红线应保持不小于7.50m的安全距离。

3. 地下车库出入口与道路平行时，应经不小于7.50m长的缓冲车道汇入基地道路。

## 5.3 竖向

5.3.1 建筑基地地面和道路坡度应符合下列规定：

1. 基地地面坡度不应小于0.2%，地面坡度大于8%时宜分成台地，台地连接处应设挡墙或护坡。

2. 基地机动车道的纵坡不应小于0.2%，亦不应大于8%，其坡长不应大于200m，在个别路段可不大于11%，其坡长不应大于80m；在多雪严寒地区不应大于5%，其坡长不应大于600m；横坡应为1%~2%。

3. 基地非机动车道的纵坡不应小于0.2%，亦不应大于3%，其坡长不应大于50m；在多雪严寒地区不应大于2%，其坡长不应大于100m；横坡应为1%~2%。

4. 基地步行道的纵坡不应小于0.2%，亦不应大于8%，多雪严寒地区不应大于4%，横坡应为1%~2%。

5. 基地内人流活动的主要地段，应设置无障碍人行道。

注：山地和丘陵地区竖向设计尚应符合有关规范的规定。

5.3.2　建筑基地地面排水应符合下列规定：

1. 基地内应有排除地面及路面雨水至城市排水系统的措施，排水方式应根据城市规划的要求确定，有条件的地区应采取雨水回收利用措施。

2. 采用车行道排泄地面雨水时，雨水口形式及数量应根据汇水面积、流量、道路纵坡长度等确定。

3. 单侧排水的道路及低洼易积水的地段，应采取排雨水时不影响交通和路面清洁的措施。

5.3.3　建筑物底层出入口处应采取措施防止室外地面雨水回流。

**5.4　绿化**

5.4.1　建筑工程项目应包括绿化工程，其设计应符合下列要求：

1. 宜采用包括垂直绿化和屋顶绿化等在内的全方位绿化；绿地面积的指标应符合有关规范或当地城市规划行政主管部门的规定。

2. 绿化的配置和布置方式应根据城市气候、土壤和环境功能等条件确定。

3. 绿化与建筑物、构筑物、道路和管线之间的距离，应符合有关规范规定。

4. 应保护自然生态环境，并应对古树名木采取保护措施。

5. 应防止树木根系对地下管线缠绕及对地下建筑防水层的破坏。

**5.5　工程管线布置**

5.5.1　工程管线宜在地下敷设；在地上架空敷设的工程管线及工程管线在地上设置的设施，必须满足消防车辆通行的要求，不得妨碍普通车辆、行人的正常活动，并应防止对建筑物、景观的影响。

5.5.2　与市政管网衔接的工程管线，其平面位置和竖向标高均应采用城市统一的坐标系统和高程系统。

5.5.3　工程管线的敷设不应影响建筑物的安全，并应防止工程管线受腐蚀、沉陷、振动、荷载等影响而损坏。

5.5.4　工程管线应根据其不同特性和要求综合布置。对安全、卫生、防干扰等有影响的工程管线不应共沟或靠近敷设。利用综合管沟敷设的工程管线若互有干扰的应设置在综合管沟的不同沟(室)内。

5.5.5　地下工程管线的走向宜与道路或建筑主体相平行或垂直。工程管线应从建筑物向道路方向由浅至深敷设。工程管线布置应短捷，减少转弯。管线与管线、管线与道路应减少交叉。

5.5.6　与道路平行的工程管线不宜设于车行道下，当确有需要时，可将埋深较大、翻修较少的工程管线布置在车行道下。

5.5.7　工程管线之间的水平、垂直净距及埋深，工程管线与建筑物、构筑物、绿化树种之间的水平净距应符合有关规范的规定。

5.5.8　七度以上地震区、多年冻土区、严寒地区、湿陷性黄土地区及膨胀土地区的室外工程管线，应符合有关规范的规定。

5.5.9 工程管线的检查井井盖宜有锁闭装置。

# 附录 C 《建筑设计防火规范》(GB 50016—2006)(节选)

**5.2 民用建筑的防火间距**

5.2.1 民用建筑之间的防火间距不应小于表 C-1 的规定，与其他建筑物之间的防火间距应按规范第 3 章和第 4 章的有关规定执行。

**表 C-1 民用建筑的防火间距** (单位:m)

| 耐火等级 | 防火间距 | | |
|---|---|---|---|
| | 一、二级 | 三级 | 四级 |
| 一、二级 | 6 | 7 | 9 |
| 三级 | 7 | 8 | 10 |
| 四级 | 9 | 10 | 12 |

1. 两座建筑物相邻较高一面外墙为防火墙或高出相邻较低一座一、二级耐火等级建筑物的屋面 15m 范围内的外墙为防火墙且不开设门窗洞口时，其防火间距可不限。

2. 相邻的两座建筑物，当较低一座的耐火等级不低于二级、屋顶不设置天窗、屋顶承重构件及屋面板的耐火极限不低于 1.00h，且相邻的较低一面外墙为防火墙时，其防火间距不应小于 3.5m。

3. 相邻的两座建筑物，当较低一座的耐火等级不低于二级，相邻较高一面外墙的开口部位设置甲级防火门窗，或设置符合现行国家标准《自动喷水灭火系统设计规范》(GB 50084)规定的防火分隔水幕或本规范第 7.5.3 条规定的防火卷帘时，其防火间距不应小于 3.5m。

4. 相邻两座建筑物，当相邻外墙为不燃烧体且无外露的燃烧体屋檐，每面外墙上未设置防火保护措施的门窗洞口不正对开设，且面积之和小于等于该外墙面积的 5% 时，其防火间距可按本表规定减少 25%。

5. 耐火等级低于四级的原有建筑物，其耐火等级可按四级确定；以木柱承重且以不燃烧材料作为墙体的建筑，其耐火等级应按四级确定。

6. 防火间距应按相邻建筑物外墙的最近距离计算，当外墙有凸出的燃烧构件时，应从其凸出部分外缘算起。

5.2.2 民用建筑与单独建造的终端变电所、单台蒸汽锅炉的蒸发量小于等于 4t/h 或单台热水锅炉的额定热功率小于等于 2.8MW 的燃煤锅炉房，其防火间距可按本规范第 5.2.1 条的规定执行。

民用建筑与单独建造的其他变电所、燃油或燃气锅炉房及蒸发量或额定热功率大于上述规定的燃煤锅炉房，其防火间距应按本规范第 3.4.1 条有关室外变、配电站和丁类厂房的规定执行。10kV 以下的箱式变压器与建筑物的防火间距不应小于 3.0m。

5.2.3　数座一、二级耐火等级的多层住宅或办公楼，当建筑物的占地面积的总和小于等于 2500$m^2$ 时，可成组布置，但组内建筑物之间的间距不宜小于 4.0m。组与组或组与相邻建筑物之间的防火间距不应小于本规范第 5.2.1 条的规定。

# 附录 D 《高层民用建筑设计防火规范》(GB 50045—1995，2005 年修订版)(节选)

## 4. 总平面布局和平面布置

**4.1　一般规定**

4.1.1　在进行总平面设计时，应根据城市规划，合理确定高层建筑的位置、防火间距、消防车道和消防水源等。

**4.2　防火间距**

4.2.1　高层建筑之间及高层建筑与其他民用建筑之间的防火间距，不应小于表 D-1 的规定。

**表 D-1　高层建筑之间及高层建筑与其他民用建筑之间的防火间距**　(单位:m)

| 建筑类别 | 高层建筑 | 裙　房 | 其他民用建筑 | | |
|---|---|---|---|---|---|
| | | | 耐火等级 | | |
| | | | 一、二级 | 三级 | 四级 |
| 高层建筑 | 13 | 9 | 9 | 11 | 14 |
| 裙房 | 9 | 6 | 6 | 7 | 9 |

4.2.2　两座高层建筑或高层建筑与不低于二级耐火等级的单层、多层民用建筑相邻，当较高一面外墙为防火墙或比相邻较低一座建筑屋面高 15.00m 及以下范围内的墙为不开设门、窗洞口的防火墙时，其防火间距可不限。

4.2.3　两座高层建筑或高层建筑与不低于二级耐火等级的单层、多层民用建筑相邻，当较低一座的屋顶不设天窗、屋顶承重构件的耐火极限不低于 1.00h，且相邻较低一面外墙为防火墙时，其防火间距可适当减小，但不宜小于 4.00m。

4.2.4　两座高层建筑或高层建筑与不低于二级耐火等级的单层、多层民用建筑相邻，当相邻较高一面外墙耐火极限不低于 2.00h，墙上开口部位设有甲级防火门、窗或防火卷帘时，其防火间距可适当减小，但不宜小于 4.00m。

**4.3　消防车道**

4.3.1　高层建筑的周围，应设环形消防车道。当设环形车道有困难时，可沿高层建筑的两个长边设置消防车道，当建筑的沿街长度超过 150m 或总长度超过 220m 时，应在适中位置设置穿过建筑的消防车道。

有封闭内院或天井的高层建筑沿街时，应设置连通街道和内院的人行通道(可利用楼梯间)，其距离不宜超过80m。

4.3.2 高层建筑的内院或天井，当其短边长度超过24m时，宜设有进入内院或天井的消防车道。

4.3.3 供消防车取水的天然水源和消防水池，应设消防车道。

4.3.4 消防车道的宽度不应小于4.00m。消防车道距高层建筑外墙宜大于5.00m，消防车道上空4.00m以下范围内不应有障碍物。

4.3.5 尽头式消防车道应设有回车道或回车场，回车场不宜小于15m×15m。大型消防车的回车场不宜小于18m×18m。

消防车道下的管道和暗沟等，应能承受消防车辆的压力。

4.3.6 穿过高层建筑的消防车道，其净宽和净空高度均不应小于4.00m。

4.3.7 消防车道与高层建筑之间，不应设置妨碍登高消防车操作的树木、架空管线等。

# 附录E 《城市道路和建筑物无障碍设计规范》(JGJ 50—2001)(节选)

## 2. 术语

2.0.1 缘石坡道 curb ramp

位于人行道口或人行横道两端，使乘轮椅者避免了人行道路缘石带来的通行障碍，方便乘轮椅者进入人行道行驶的一种坡道。

2.0.2 盲道 sidewalk for the blind

在人行道上铺设一种固定形态的地面砖，使视残者产生不同的脚感，诱导视残者向前行走和辨别方向以及到达目的地的通道。

2.0.3 行进盲道 go-ahead blind sidewalk

表面上呈条状形，使视残者通过脚感和盲杖的触感后，指引视残者可直接向正前方继续行走的盲道。

2.0.4 提示盲道 warning blind sidewalk

表面呈圆点形状，用在盲道的拐弯处、终点处和表示服务设施的设置等，具有提醒注意作用的盲道。

2.0.5 人行通路 passage

在城市广场、公园、景点和建筑基地范围内供人行走的道路。

2.0.22 升降平台 lift platform

运送残疾人进行垂直或斜向通行的设施。

2.0.28 盲文站牌 braille bus-stop board

采用盲文标识，告知视残者公交候车站的站名、公交车线路和终点站名等的车站站牌。

## 3. 城市道路无障碍实施范围

### 3.1 道路与桥梁

3.1.1 城市道路与桥梁无障碍设计的范围应符合表 E-1 的规定。

**表 E-1 城市道路与桥梁无障碍设计的范围**

| | 道路类别 | 设计部位 |
|---|---|---|
| 城市道路 | 城市市区道路<br>城市广场<br>卫星城道路、广场<br>经济开发区道路<br>旅游景点道路等 | 1. 人行道<br>2. 人行横道<br>3. 人行天桥、人行地道<br>4. 公交车站<br>5. 桥梁、隧道<br>6. 立体交叉 |

### 3.2 人行道路

3.2.1 人行道路的无障碍设施与设计要求应符合表 E-2 的规定。

**表 E-2 人行道路无障碍设施与设计要求**

| 序号 | 设施类别 | 设计要求 |
|---|---|---|
| 1 | 缘石坡道 | 人行道在交叉路口、街坊路口、单位出口、广场入口、人行横道及桥梁、隧道、立体交叉等路口应设缘石坡道 |
| 2 | 坡道与梯道 | 城市主要道路、建筑物和居住区的人行天桥和人行地道，应设轮椅坡道和安全梯道；在坡道和梯道两侧应设扶手。城市中心地区可设垂直升降梯取代轮椅坡道 |
| 3 | 盲道 | 1. 城市中心区道路、广场、步行街、商业街、桥梁、隧道、立体交叉及主要建筑物地段的人行道应设盲道<br>2. 人行天桥、人行地道、人行横道及主要公交车站应设提示盲道 |
| 4 | 人行横道 | 1. 人行横道的安全岛应能使轮椅通行<br>2. 城市主要道路的人行横道宜设过街音响信号 |
| 5 | 标志 | 1. 在城市广场、步行街、商业街、人行天桥、人行地道等无障碍设施的位置，应设国际通用无障碍标志牌<br>2. 城市主要地段的道路和建筑物宜设盲文位置图 |

## 4. 城市道路无障碍设计

### 4.1 缘石坡道

4.1.1 缘石坡道设计应符合下列规定：

1. 人行道的各种路口必须设缘石坡道。
2. 缘石坡道应设在人行道的范围内，并应与人行横道相对应。

3. 缘石坡道可分为单面坡缘石坡道和三面坡缘石坡道。

4. 缘石坡道的坡面应平整，且不应光滑。

5. 缘石坡道下口高出车行道的地面不得大于20mm。

4.1.2 单面坡缘石坡道设计应符合下列规定：

1. 单面坡缘石坡道可采用方形、长方形或扇形。

2. 方形、长方形单面坡缘石坡道应与人行道的宽度相对应(图 E-1 ~ 图 E-3)。

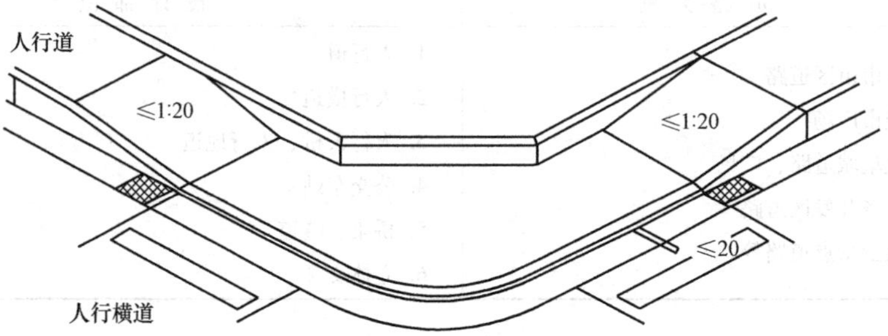


图 E-1 交叉入口单面缘石坡道

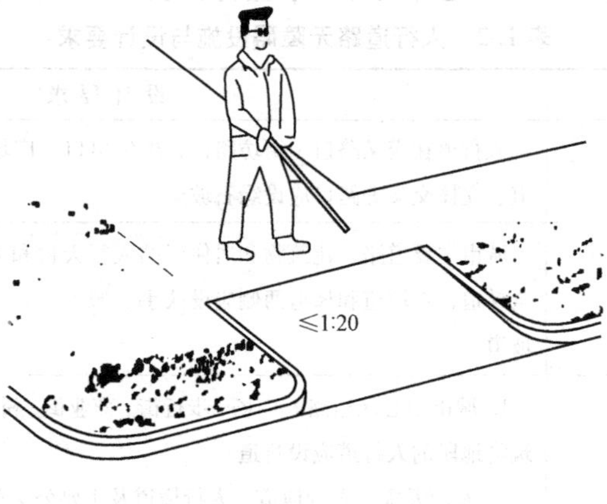


图 E-2 街坊路口单面缘石坡道

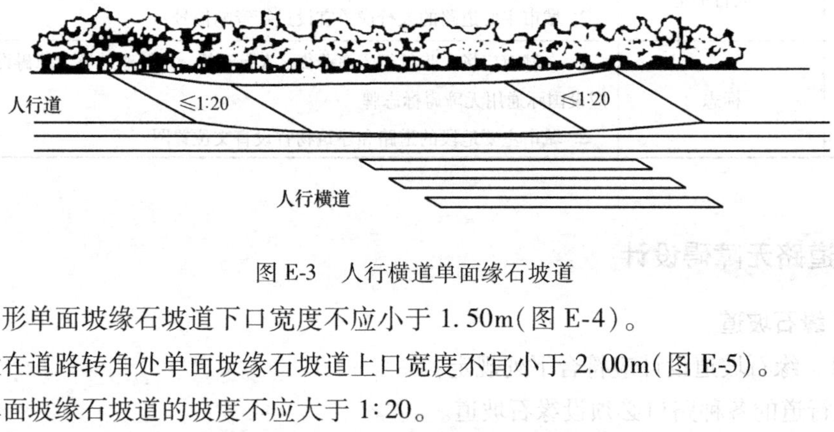


图 E-3 人行横道单面缘石坡道

3. 扇形单面坡缘石坡道下口宽度不应小于 1.50m(图 E-4)。

4. 设在道路转角处单面坡缘石坡道上口宽度不宜小于 2.00m(图 E-5)。

5. 单面坡缘石坡道的坡度不应大于 1:20。

4.1.3 三面坡缘石坡道设计应符合下列规定：

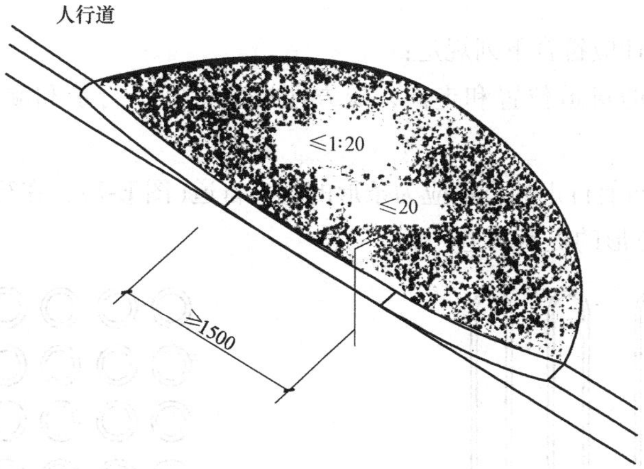


图 E-4 扇形单面缘石坡道

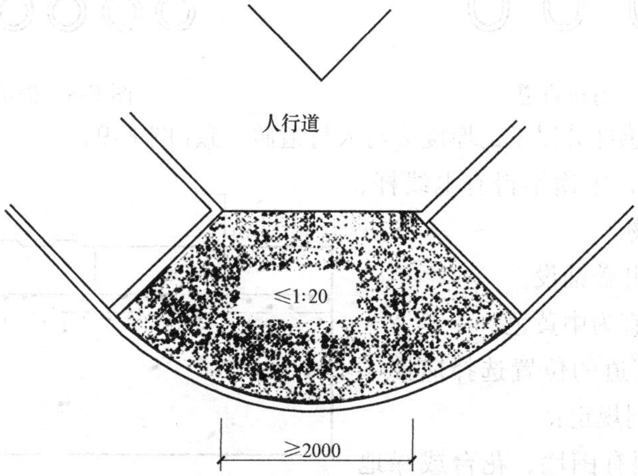


图 E-5 转角处单面直线缘石坡道

1. 三面坡缘石坡道的正面坡道宽度不应小于 1.20m(图 E-6)。
2. 三面坡缘石坡道的正面及侧面的坡度不应大于 1:12(图 E-6)。

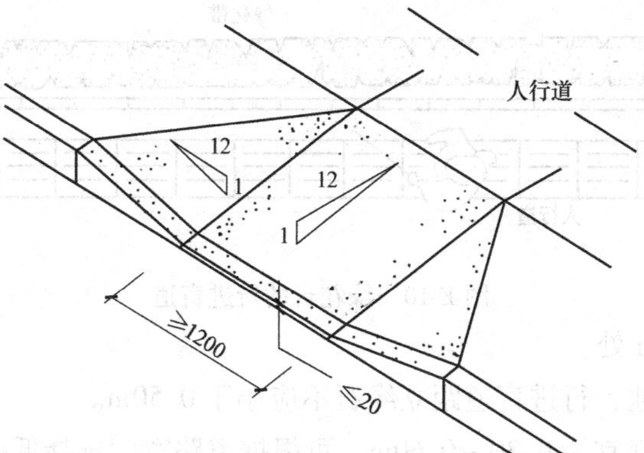


图 E-6 三面坡缘石坡道

## 4.2 盲道

4.2.1 盲道设计应符合下列规定：

1. 人行道设置的盲道位置和走向，应方便视残者安全行走和顺利到达无障碍设施位置。

2. 指引残疾者向前行走的盲道应为条形的行进盲道(图 E-7)；在行进盲道的起点、终点及拐弯处应设圆点形的提示盲道(图 E-8)。

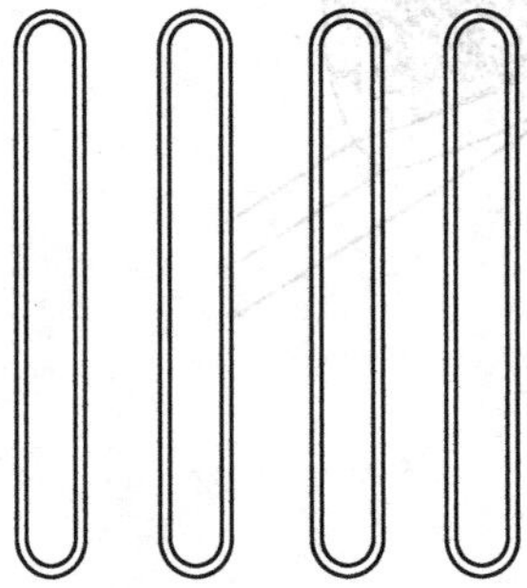

图 E-7 行进盲道

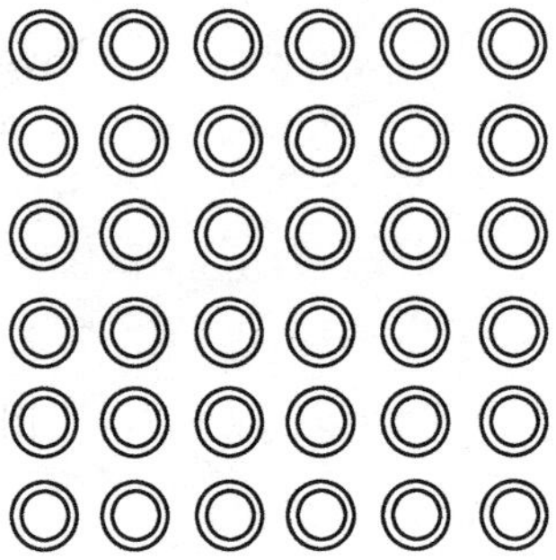

图 E-8 提示盲道

3. 盲道表面触感部分以下的厚度应与人行道砖一致(图 E-9)。

4. 盲道应连续，中途不得有电线杆、拉线、树木等障碍物。

5. 盲道宜避开井盖铺设。

6. 盲道的颜色宜为中黄色。

4.2.2 行进盲道的位置选择应按下列顺序，并符合下列规定：

1. 人行道外侧有围墙、花台或绿地带，行进盲道宜设在距围墙、花台、绿地带 0.25 ~0.50m 处(图 E-10)。

2. 人行道内侧有树池，行进盲道可设在距树池 0.25 ~0.50m 处。

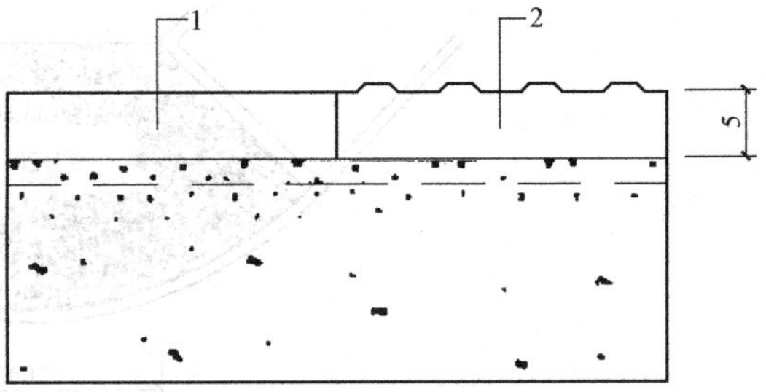


图 E-9 人行道砖与盲道砖连接

1—人行道砖 2—盲道砖的触感部分凸出表面

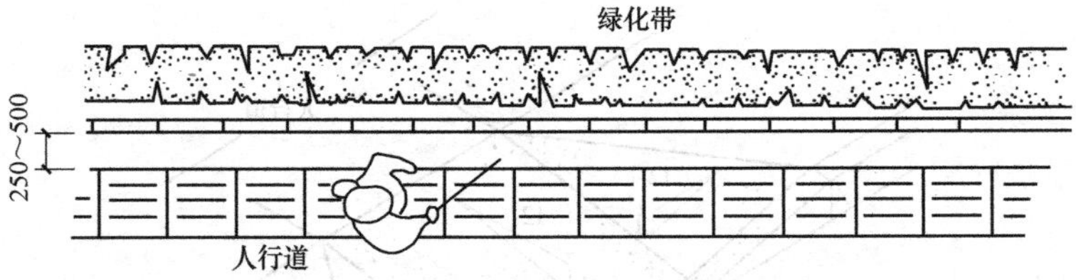


图 E-10 缘花台的行进盲道

3. 人行道没有树池，行进盲道距立缘石不应小于 0.50m。

4. 行进盲道的宽度宜为 0.30 ~0.60m，可根据道路宽度选择低限或高限。

5. 人行道成弧线形路线时，行进盲道宜与人行道走向一致(图 E-11)。

6. 行进盲道触感条规格应符合表 E-3 的规定(图 E-12)。

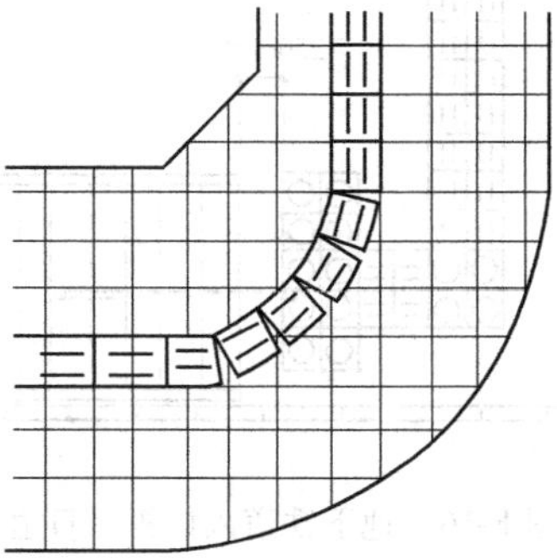

图 E-11　弧线形盲道

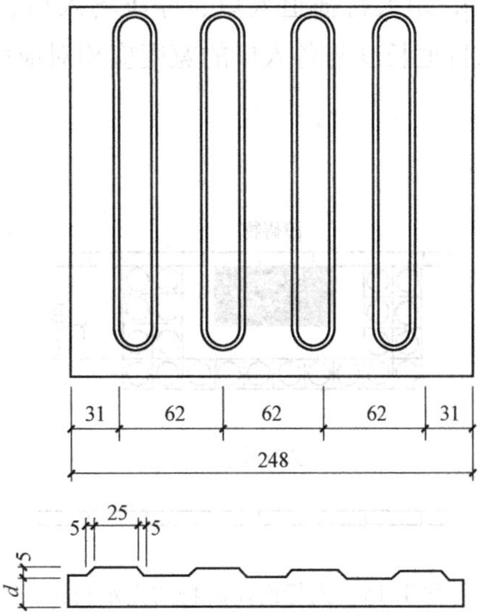


图 E-12　行进盲道规格

**表 E-3　盲道触感条规格**

| 部位 | 设计要求/mm | 部位 | 设计要求/mm |
|---|---|---|---|
| 面宽 | 25 | 高度 | 5 |
| 底宽 | 35 | 中心距 | 62～75 |

4.2.3　提示盲道的设置应符合下列规定：

1. 行进盲道的起点和终点处应设提示盲道，其长度应大于行进盲道的宽度(图 E-13)。

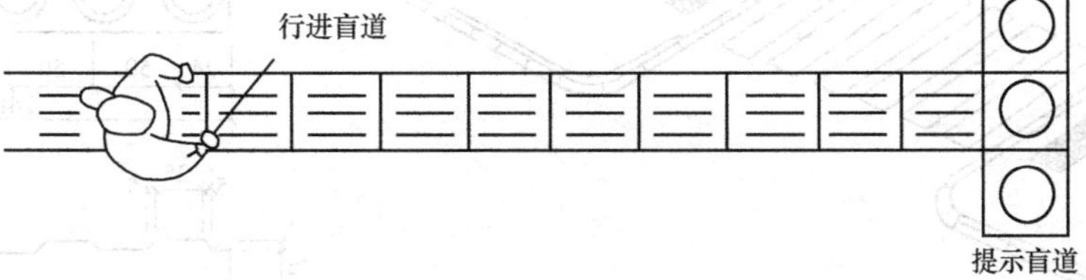


图 E-13　盲道起点与终点提示盲道

2. 行进盲道在转弯处应设提示盲道，其长度应大于行进盲道的宽度(图 E-14)。

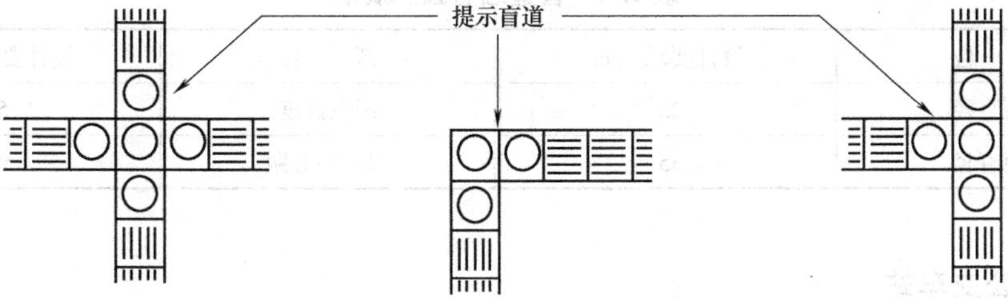


图 E-14　盲道交叉提示盲道

3. 人行道中有台阶和障碍物等在相距 0. 25 ~0. 50m 处应设提示盲道(图 E-15)。

4. 距人行横道入口、停车场入口、地下铁道入口等 0. 25 ~0. 50m 处应设提示盲道，提示盲道长度与各入口的宽度应相对应(图 E-16、图 E-17)。

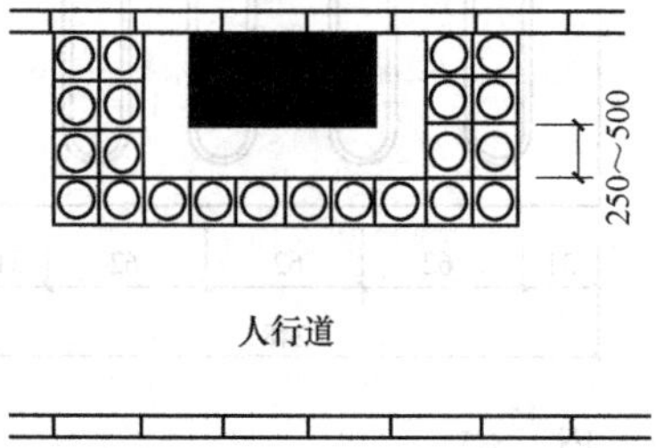


图 E-15 人行道障碍物的提示盲道

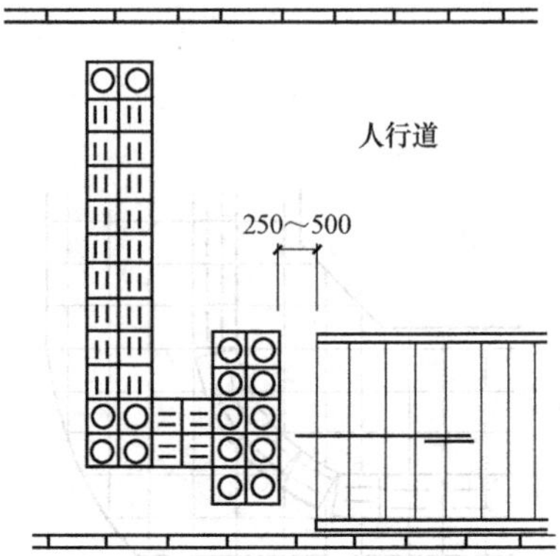


图 E-16 地下铁道入口提示盲道

5. 提示盲道的宽度宜为 0. 30 ~0. 60m。

6. 提示盲道触感圆点规格应符合表 E-4 的规定(图 E-18)。

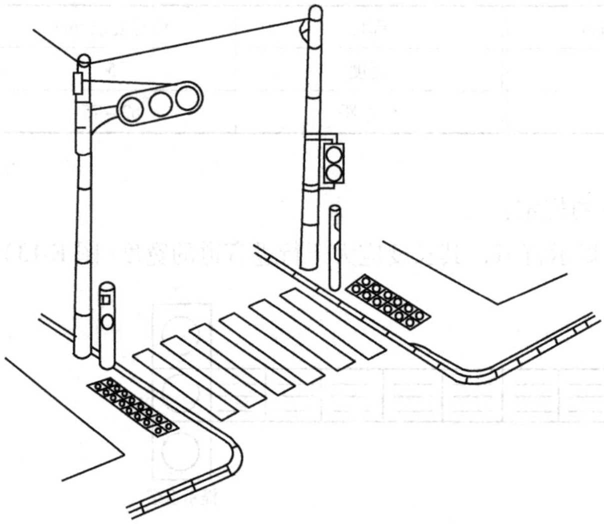

图 E-17 人行横道入口提示盲道

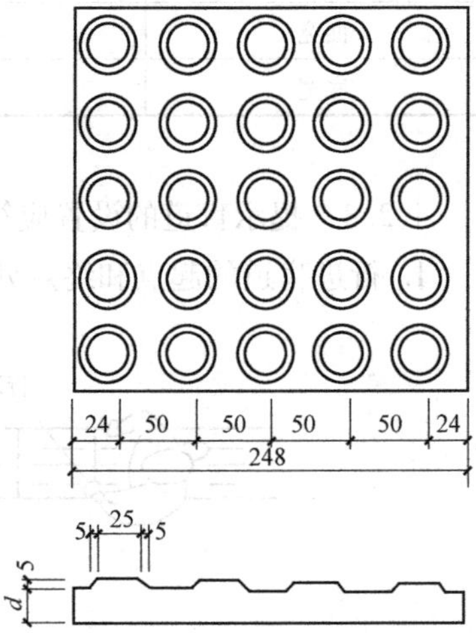


图 E-18 提示盲道触感圆点规格

**表 E-4 盲道触感圆点规格**

| 部　位 | 设计要求/mm | 部　位 | 设计要求/mm |
|---|---|---|---|
| 表面直径 | 25 | 圆点高度 | 5 |
| 底面直径 | 35 | 圆点中心距 | 50 |

## 4.3 公交车站

4.3.1 城市主要道路和居住区的公交车站，应设提示盲道和盲文站牌(图 E-19)。

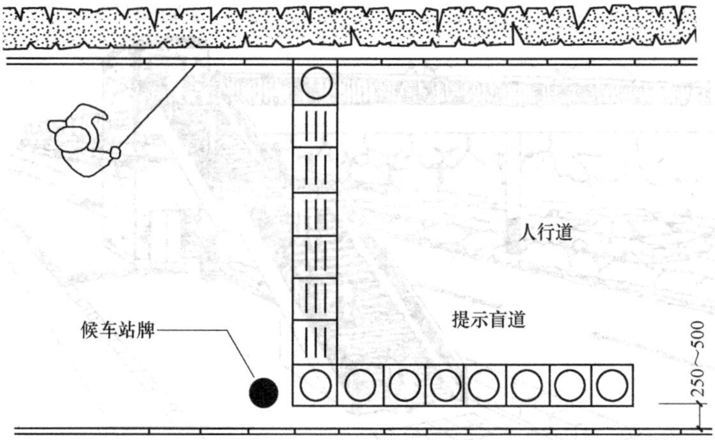


图 E-19　公交车站提示盲道

4.3.2　行进盲道的位置选择应按下列顺序并符合下列规定：

1. 在候车站牌一侧应设提示盲道，其长度宜为 4.00 ~6.00m。

2. 提示盲道的宽度应为 0.30 ~0.60m。

3. 提示盲道距路边应为 0.25 ~0.50m。

4. 人行道中有行进盲道时，应与公交车站的提示盲道相连接。

4.3.3　在车道之间的分隔带设公交车站应符合下列规定：

1. 由人行道通往分隔带的公交车站，宽度不应小于 1.50m，坡度不应大于 1:12 的缘石坡道。

2. 在候车站牌一侧应设提示盲道，其长度宜为 4.00 ~6.00m。

3. 提示盲道的宽度应为 0.30 ~0.60m。

4. 提示盲道距路边宜为 0.25 ~0.50m。

4.3.4　公交车站设置盲文站牌的位置、高度、样式与内容应方便视力残疾者使用。

**4.4　人行地道、人行天桥**

4.4.1　城市中心区、商业区、居住区及公共建筑设置的人行天桥与人行地道，应设坡道和提示盲道；当设坡道有困难时可设垂直升降梯(图 E-20)。

4.4.2　人行天桥、人行地道的坡道应适合乘轮椅者通行；梯道应适合拄拐杖者及老年人通行，在坡道和梯道两侧应设扶手。

4.4.3　人行天桥、人行地道的坡道设计应符合下列规定：

1. 坡道的坡度不应大于 1:12 在困难地段的坡度不得大于 1:8(需要协助推动轮椅行进)。

2. 弧线形坡道的坡度，应以弧线内缘的坡度进行计算。

3. 坡道的高度每升高 1.50m 时，应设深度不小于 2m 的中间平台。

4. 坡道的坡面应平整且不应光滑。

4.4.4　人行天桥、人行地道的梯道设计应符合下列规定：

1. 梯道宽度不应小于 3.50m，中间平台深度不应小于 2m。

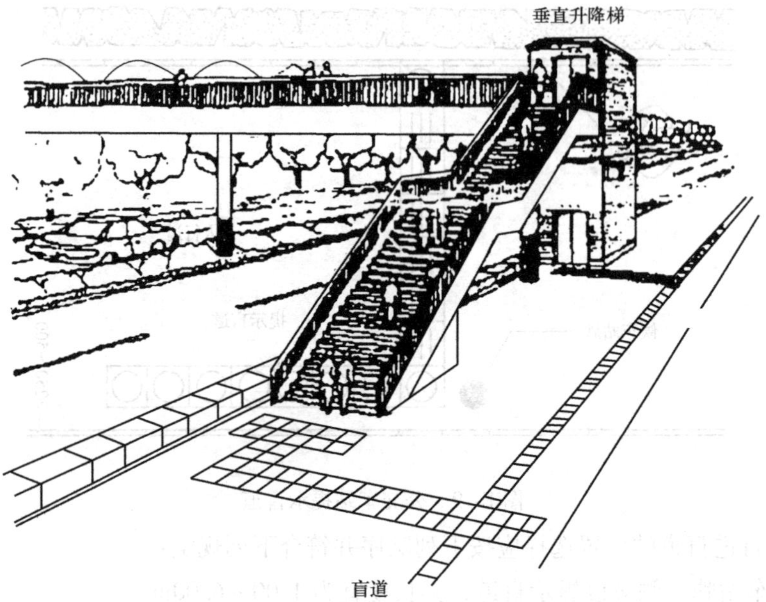


图 E-20 人行天桥升降梯

2. 在梯道中间部位应设自行车坡道。

3. 踏步的高度不应大于0.15m，宽度不应小于0.30m。

4. 踏面应平整且不光滑，前缘不应有突出部分。

4.4.5 距坡道与梯段0.25～0.50m处应设提示盲道，提示盲道的长度应与坡道、梯道的宽度相对应，提示盲道的宽度应为0.30～0.60m(图 E-21)。

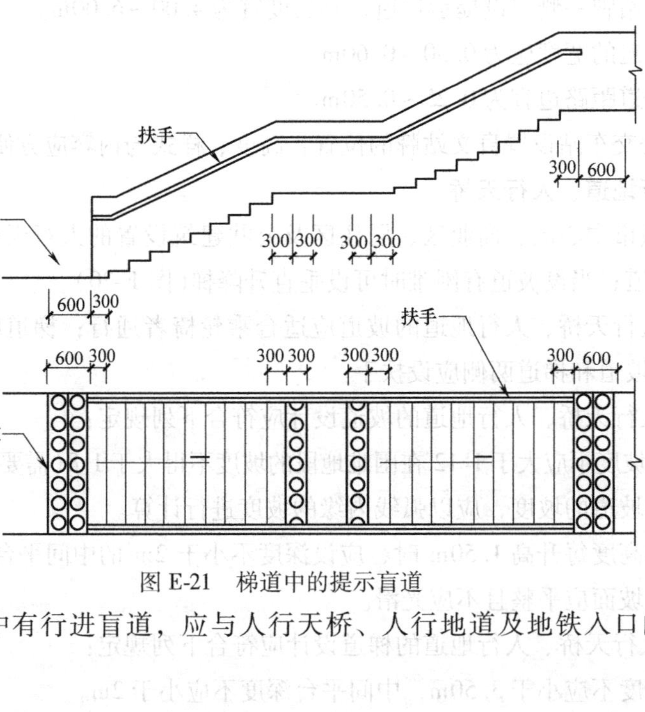


图 E-21 梯道中的提示盲道

4.4.6 人行道中有行进盲道，应与人行天桥、人行地道及地铁入口的提示盲道相连接。

4.4.7 人行天桥、人行地道的扶手设计应符合下列规定：

1. 扶手高应不小于0.90m；设上、下两层扶手时，下层扶手高应为0.70m。

2. 扶手应保持连贯、在起点和终点处应延伸0.40m。

3. 扶手截面直径尺寸宜为45～50mm，扶手托架的高度、扶手与墙面的距离宜为45～50mm。

4. 在扶手起点水平段应安装盲文标志牌。

5. 扶手下方为落空栏杆时，应设高不小于0.10m的安全挡台。

4.4.8 人行地道的坡道和梯道入口两侧的护墙低于0.85m时，在墙顶应安装护栏或扶手。

4.4.9 人行地道的坡道入口平台与人行道地面有高差时，应采用坡道连接。

4.4.10 人行天桥下面的三角空间区，在2m高度以下应安装防护栅栏并应在结构边缘外设宽0.30～0.60m提示盲道(图E-22、图E-23)。

图E-22 人行天桥防护栅杆

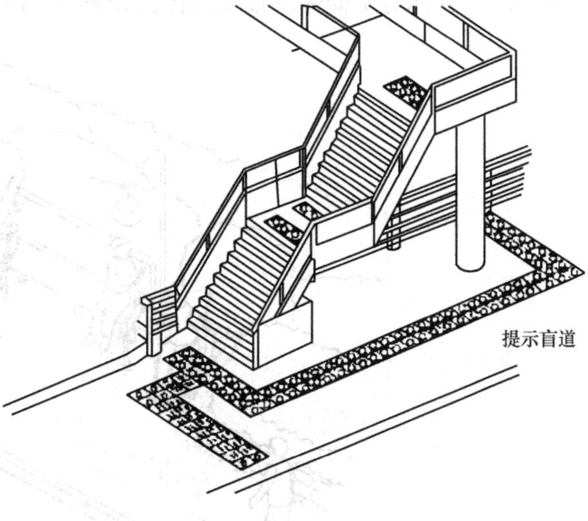


图E-23 人行天桥提示盲道

## 6. 居住区无障碍实施范围

### 6.1 道路

6.1.1 居住区道路进行无障碍设计应包括以下范围：

1. 居住区路的人行道(居住区级)

2. 小区路的人行道(小区级)

3. 组团路的人行道(组团级)

4. 宅间小路的人行道

6.1.2 居住区各级道路的人行道纵坡不宜大于2.5%；在人行步道中设台阶，应同时设轮椅坡道和扶手。

6.1.3 居住区道路无障碍实施范围，应符合本规范第3章的有关规定。

6.1.4 居住区道路无障碍设计内容，应符合本规范第 4 章的有关规定。

6.1.5 设有红绿灯的路口，宜设盲人过街音响装置(图 E-24)。

**6.2 公共绿地**

6.2.1 居住区公共绿地进行无障碍设计应包括以下范围：

1. 居住区公园(居住区级)
2. 小游园(小区级)
3. 组团绿地(组团级)
4. 儿童活动场

图 E-24 盲人过街音响装置

6.2.2 各级公共绿地的入口与通路及休息凉亭等设施的平面应平缓防滑；地面有高差时，设轮椅坡道和扶手。

6.2.3 在休息坐椅旁应设轮椅停留位置(图 E-25)。

图 E-25 轮椅停留的空间

6.2.4 公用厕所的入口、通道及厕位、洗手盆等的无障碍设计，应符合本规范第 7 章第 8 节的有关规定。

6.2.5 居住区级和小区级公共绿地入口地段应设盲道，绿地内的台阶、坡道和其他无障碍设施的位置应设提示盲道。

6.2.6 组团级绿地和儿童活动场的入口应设提示盲道。

## 参考文献


[1] 刘磊. 场地设计[M]. 北京：中国建材工业出版社，2002.

[2] 张伶伶，孟浩. 场地设计[M]. 北京：中国建筑工业出版社，1999.

[3] 任乃鑫. 注册建筑师资格考试(作图部分)模拟题：场地设计与建筑设计表达[M]. 沈阳：辽宁科学技术出版社，2000.

[4] 托马斯. H. 罗斯. 场地规划与设计手册[M]. 顾卫华，译. 北京：机械工业出版社，2005.

[5] 约翰. O. 西蒙兹. 景观设计学——场地规划与设计手册[M]. 3 版. 俞孔坚，等译. 北京：中国建筑工业出版社，2000.

[6] Gary O Robinette. Plants, people, And Environmental Quality[M]. American Society of Landscape Architects Foundation. 1972.

[7] 闫寒. 建筑学场地设计[M]. 北京：中国建筑工业出版社，2006.

[8] 赵晓光. 民用建筑场地设计[M]. 北京：中国建筑工业出版社，2004.

[9] 教锦章，陈初聚. 一级注册建筑师资格考试——场地作图题解析[M]. 北京：中国水利水电出版社，2005.